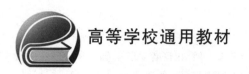 高等学校通用教材

U0168018

飞行器设计实验教程

黄　俊　王耀坤　王维军　主编

北京航空航天大学出版社

内 容 简 介

本书首先介绍航空航天的基本概念与飞行器的未来发展,让读者对航空航天有一个整体概念;然后以飞行器从设计、制作、装配、调试到外场试飞的研制全过程为思路,介绍飞行器设计流程、飞行原理、飞行器性能、创新设计思路、飞行器的制造、飞行器的装配、动力装置、调整试飞等内容。本书内容突出创新,并且具有很强的实践特性,在飞机设计、无人机设计与实践教学方面有很大的参考价值。

本书可作为高等院校飞行器设计专业本科生和研究生的教材,也可作为对飞行器设计感兴趣的读者的参考用书。

图书在版编目(CIP)数据

飞行器设计实验教程 / 黄俊,王耀坤,王维军主编
. -- 北京 :北京航空航天大学出版社,2021.4
ISBN 978 - 7 - 5124 - 3504 - 9

Ⅰ.①飞… Ⅱ.①黄… ②王… ③王… Ⅲ.①飞行器
—设计—实验—高等学校—教材 Ⅳ.①V47 - 33

中国版本图书馆 CIP 数据核字(2021)第 077862 号

飞行器设计实验教程

黄 俊 王耀坤 王维军 主编
策划编辑 胡晓柏 责任编辑 孙兴芳

*

北京航空航天大学出版社出版发行

北京市海淀区学院路 37 号(邮编 100191) http://www.buaapress.com.cn
发行部电话:(010)82317024 传真:(010)82328026
读者信箱:emsbook@buaacm.com.cn 邮购电话:(010)82316936
涿州市新华印刷有限公司印装 各地书店经销

*

开本:710×1 000 1/16 印张:17.75 字数:378 千字
2021 年 7 月第 1 版 2021 年 7 月第 1 次印刷
ISBN 978 - 7 - 5124 - 3504 - 9 定价:59.00 元

前　言

　　航空航天科技通过新技术、新产品、新材料、新工艺以及新的管理方式向国民经济的其他部门转移，带动相关产业的发展，产生可观的直接和间接的经济效益。飞行器产品不仅在国民经济建设中占据重要地位，而且在国家安全等重大领域中也发挥着关键的作用。飞行器设计涉及飞行器设计理论、方法和设计过程，本专业人才培养必须面向先进航空航天飞行器产品，综合利用现代科学技术成果，以系统工程的方法，用工程语言的形式指导飞行器的制造、试验和使用。飞行器产品，是实实在在的东西，必须通过工程发展而得；在飞行器工程发展过程中，要通过大量的试验来检验设计的正确性，如风洞试验、静力实验、疲劳实验以及各系统和设备的综合试验等；飞行器设计涉及多个学科专业，必须在这些学科中进行折中并取得平衡；航空飞行器的寿命周期长达数十年，其设计将直接影响产品的效能发挥和使用维护成本。因此，飞行器设计具有工程性、试验性和多科性等特点，同时还要考虑飞行器产品的寿命周期。

　　经过几代人的努力，我国航空航天工业取得了卓越的成就，但在先进战斗机、大飞机、深空探测等方面与国外先进水平相比还存在较大差距。从国际大环境来看，与20世纪六七十年代航空航天的飞速发展相比，当前的航空航天领域进入了一个相对成熟和平稳的发展时期，对飞行器设计专业人才培养提出了新的要求。创新型高科技人才是维持航空航天领域的活力和推动其向前发展的重要基础。"创新源于实践"，通过实践教学环节培养创新型高素质航空航天专业科技人才，成为一个急需解决的问题。

　　为培养学生的动手实践能力和创新意识，增强飞行器设计专业学生的工程性和全局性认识，北京航空航天大学于2000年在本科教学计划中增加了综合实验环节；2005年，在飞行器设计专业研究生培养方案中增加了实验环节。作者为配合上述实验环节的教学而编写了本书。

　　本书首先介绍航空航天的基本概念与飞行器的未来发展，让读者对航空航天有一个整体的概念；然后以飞行器从设计、制作、装配、调试到外场试飞的研制全过程为思路，介绍飞行器设计流程、飞行原理、飞行器性能、创新设计思路、飞行器的制造、飞行器的装配、动力装置、调整试飞等内容。本书由黄俊、王耀坤、王维军担任主编,第 1～5 章由黄俊编写,第 6、7、10 章和附录由王耀坤编写,第 8、9 和 11 章由王维军编写,全书由黄俊统稿。编写过程中,参考了大量国内外文献资料和兄弟院校的有关教材,在此谨对有关文献的作者表示感谢。

　　书中若有不当之处,恳请批评指正。

黄　俊

2020 年 10 月

于北京航空航天大学

目　　录

第1章 绪 论

1.1 航空航天概况及未来发展

1.1.1 航空航天概况

航空航天是人类探索大气层和宇宙空间的产物。经过百年来的快速发展,航空航天已经成为 21 世纪最活跃和最有影响的科学技术领域。该领域取得的重大成就标志着人类文明的高度发展,也表征着一个国家科学技术的先进水平。

航空是指载人或不载人的飞行器在地球大气层中的航行活动。航空必须具备空气介质和克服航空器自身重量的升力,大部分航空器还要有产生相对于空气运动所需的推力。航空器分轻于空气和重于空气两类,包括气球、飞艇、飞机、直升机、扑翼机等,如图 1-1 所示。

(a) 气 球   (b) 飞 艇   (c) 飞 机

(d) 滑翔机   (e) 直升机   (f) 旋翼机

图 1-1 航空器

(g) 扑翼机

(h) 倾转旋翼机

图 1-1　航空器(续)

　　航天是指载人或不载人的航天器在地球大气层之外的航行活动,又称空间飞行或宇宙航行。航天的实现必须使航天器克服或摆脱地球引力,如想飞出太阳系,还要摆脱太阳引力,因此第一、第二和第三宇宙速度是航天所需的三个特征速度。火箭推进技术是航天技术的核心。航天器分无人和载人两类,主要有人造地球卫星、月球探测器、载人飞船、空间站和航天飞机等,如图 1-2 所示。

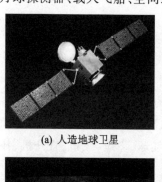

(a) 人造地球卫星

(b) 月球探测器

(c) 火星探测器

(d) 卫星式载人飞船

(e) 登月式载人飞船

(f) 空间站

(g) 航天飞机

(h) 未来空天飞机

图 1-2　航天器

在地球大气层内、外飞行的器械称为飞行器。飞行器包括航空器和航天器,通常把火箭和导弹归属于航天器的范畴。火箭是靠火箭发动机提供推进力的飞行器,分运载火箭和探空火箭两类。导弹是一种飞行武器,它依靠制导系统来控制其飞行轨迹,目标是把高爆弹头或核弹头送到打击目标附近引爆,并摧毁目标。

从科学技术的角度看,航空与航天之间是紧密联系的。

航空和航天技术都是高度综合的现代科学技术。力学、热力学和材料学是航空航天的科学基础,电子技术、自动控制技术、计算机技术、喷气推进技术和制造工艺技术对航空航天的进步发挥了重要作用,医学、真空技术和低温技术的发展促进了航天的发展。

航空航天的发展与其军事应用密切相关,但人类在该领域取得的巨大进展对国民经济和社会生活都产生了重大影响,甚至改变了世界的面貌。航空航天科学技术已成为牵动其他高新技术发展的动力之一,航空航天工业是国民经济建设和发展中的阳光产业,航空航天产品是附加值很高的高新技术产品。

1.1.2　航空航天的未来发展

航空航天一词,既蕴藏了进行航空航天活动所必需的科学,又包含了研制航空航天飞行器所涉及的各种技术。航空器和航天器既是航空航天科学技术的成果和产品,也是进行航空航天活动的主体器具。

1. 航空器的未来发展趋势

(1) 先进战斗机

战斗机是先进航空科技的结晶,代表着航空科学与技术的发展水平。安装推重比 10 一级的涡扇发动机和先进综合航空电子系统,具有隐身能力、超声速巡航、过失速机动和超视距攻击能力是当前和未来先进战斗机的技术发展方向,美国 F-22、F-35 战斗机和俄罗斯研制中的米格 1.44、S-37、T-50 验证机是先进战斗机的典型代表,见图 1-3。由于战斗机的采购价格高、维护成本高,因此可承受性已经成为先进战斗机的主要设计要求,F-35 战斗机就是一种经济上可承受的多用途战斗机。

(2) 无人侦察机与无人作战飞机

无人驾驶飞机(UAV)具有重量轻、尺寸小、成本低、机动性高和隐蔽性好等特点,适宜在高危险区域执行任务,以降低飞行员的生命危险。无人机的军事用途包括侦察、监视、通信、反潜、骚扰、诱惑、炮兵校正、电子对抗、对地攻击和对空作战。无人侦察机在近年来的局部战争中已得到广泛应用。无人作战飞机(UCAV)将在比有人系统低得多的全寿命周期费用为先进空中力量增加战术威慑,其初期作战目

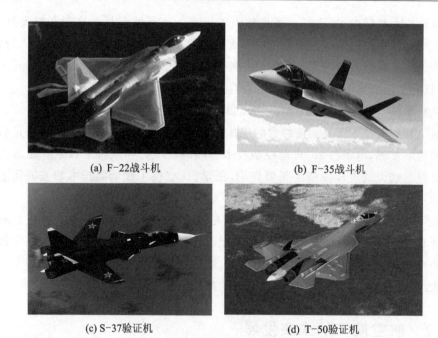

(a) F-22战斗机　　　　　　　(b) F-35战斗机

(c) S-37验证机　　　　　　　(d) T-50验证机

图1-3　先进战斗机

标是作为有人飞机的有机补充,通过在处于安全地区的操作员控制其执行对敌防空压制(SEAD)任务来支持攻击计划,对空作战是其今后的设计要求。典型的无人侦察机有美军的"捕食者""全球鹰",如图1-4所示。发展中的无人作战飞机主要有美国的 X-45C 和 X-47B 验证机、欧洲的"神经元"验证机等,见图1-5。

(a) "捕食者"无人机　　　　　(b) "全球鹰"长航时无人机

图1-4　无人侦察机

(3) 大型客机和超声速运输机

随着空中旅行需求的不断增加和超级大国军队全球快速部署战略的实施,大型或巨型旅客机和运输机也在快速发展。欧洲和美国都在发展这类飞机,例如,空中客车公司的 A-380 具有双层客舱,最大载客量超过 800 人,已经交付航空公司使用;美国启动了 X-48 翼身融合体(BWB)研究机计划,采用翼身融合的无尾飞翼布

(a) X-45C验证机　　　　(b) X-47B验证机　　　　(c) "神经元"验证机

图 1-5　无人作战飞机

局提高飞机的升阻比,这是今后大型或巨型运输机的一种选择方案,见图 1-6。超声速空中旅行一直是许多人的梦想,虽然已经有了第一代超声速运输机(SST),但由于经济性差和噪声问题没有解决,所以运营并不成功。载客量超过 300 人,以 2~2.5 倍声速巡航的第二代 SST(见图 1-6)的发展受到了航空大国的高度重视。

(a) A-380超大型客机　　(b) 翼身融合体(BWB)研究机　　(c) 超声速运输机

图 1-6　超大型和超声速运输机

(4) 微型航空器

微型航空器(MAV)是一种适合于排或排以下战斗单位的新式武器装备,适宜满足未来野外分散部队和城区作战的需求。其主要任务包括:低空或近距离的侦察和监视、通信中继、电子干扰、对地攻击、目标指示、核武器和生化武器的探测、缉毒、农业监测、环境研究、自然灾害或危险区域的监视等。一般要求其最大尺寸不超过150 mm,质量 100 g 左右,有效载荷约 20 g,飞行速度 50 km/h 左右,航时大于20 分钟。低雷诺数空气动力设计、机载设备微型化及其系统综合、微型动力、自主飞行以及数据传送和人机交互为 MAV 的关键技术领域。MAV 有固定翼、旋翼及扑翼 3 种气动布局形式,如图 1-7 所示。由于尺寸和重量限制,微型航空器的结构部件一般是多功能的集成,除具备结构功能外,还有如电源、天线、传感器等功能。

(5) 新概念和特种航空器

除了上述 4 种航空器外,还有各种非常规或非常规空气动力布局的航空器,如利用地面效应结合动力增升装置研制的地效飞行器,可高效地掠水面飞行;倾转旋翼机结合飞机与直升机特点,无需跑道就可以起飞着陆。美国变体飞机结构(MAS)项目成功进行了风洞试验,开始验证试飞,这是一种通过使用变形部件而获得多种任务能力的相关技术。斜置翼(OFW)飞机、环形翼航空器、连翼飞机、双机身飞机以及

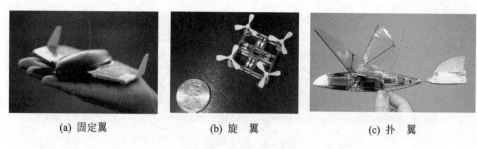

| (a) 固定翼 | (b) 旋　翼 | (c) 扑　翼 |

图 1 - 7　微型航空器

我们现在还没有任何概念的特殊航空器将成为今后的研究内容或发展方向。新概念航空器如图 1 - 8 所示。

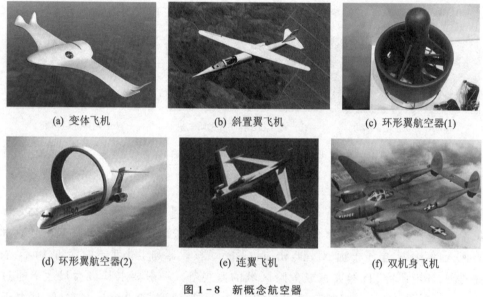

| (a) 变体飞机 | (b) 斜置翼飞机 | (c) 环形翼航空器(1) |
| (d) 环形翼航空器(2) | (e) 连翼飞机 | (f) 双机身飞机 |

图 1 - 8　新概念航空器

2. 航天技术的发展趋势

在新世纪中,太空将进一步成为国家安全和国家利益的重点考虑对象。大力发展军事和商业航天,夺取和保持太空优势地位,是 21 世纪超级大国和地区性强国所追求的重要目标。

（1）运载火箭

在运载火箭方面,仍以提高运载能力和可靠性、简化操作程序和降低发射成本为今后的目标。运载火箭的发展主要体现在两方面,首先是进一步改进现有的一次性运载火箭,其次是发展新型可重复使用的空地往返系统。前者有美国阿特拉斯-5系列改进型一次性运载火箭（EELV）,如图 1 - 9（a）所示,采用基于商用硬件的推力器模块等技术,发射成本比传流运载火箭低;后者如我国星际荣耀公司发布的可重复使用的双曲线二号运载火箭(见图 1 - 9(b)),希望将当前每千克有效载荷高达 1 万~3 万美元的发射费用降低到每千克 2 000 美元以下。

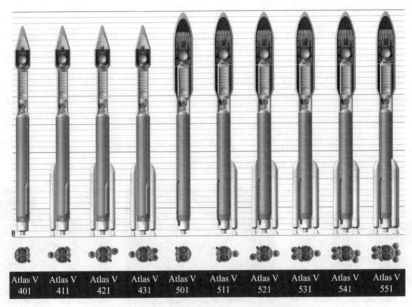

(a) 阿特拉斯-5系列改进型一次性运载火箭

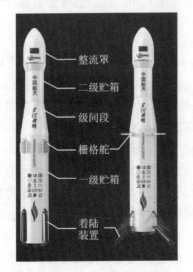

(b) 可重复使用的双曲线二号运载火箭

图 1 - 9　低成本运载火箭

（2）人造地球卫星

人造地球卫星将向大型化和微型化两个方向发展。一方面,综合型高功率大型卫星平台最终将演变成一种被称为"空间平台"的新型航天器;另一方面,质量在 $500\sim1\,000$ kg 之间的小卫星、质量在 $100\sim500$ kg 之间的超小型卫星、质量在 $10\sim100$ kg 之间的微型卫星和质量小于 10 kg 的所谓纳米卫星将越来越受到重视,目前已有人提出芯片卫星方案,如图 1 - 10 所示。新型空间平台与人造地球卫星的不同点是有人照料、定期在轨维修和更换仪器、可加注燃料和补给品,因而具有寿命长、用途广的特点;而小型卫星具有研制周期短、体积小、性能好、可靠性高、发射灵活和不易被摧毁等一系列优点,尤其是由小型卫星组成的星座,其功能比大型卫星更具吸引力。若要微型卫星和纳米卫星投入使用,就必须先攻克集成公用模块技术(IUM)和微电子机电集成系统(MEMS)等关键技术。

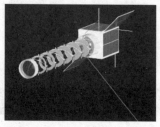

图 1 - 10　超小型(微型)卫星

（3）载人航天

空天飞机是一种既能在大气层内飞行,又能在外层空间航行的水平起降飞行器,是一种旨在降低天地往返成本的载人航天器。1986 年,美国提出研制代号为 X - 30 的重复使用单级入轨水平起降的"国家空天飞机"计划,接着俄、英、德、法、日等国纷纷推出了各自的可重复使用航天运输系统方案,美国后来进行了 X - 33、X - 37 和 X - 43 等研究机的试验,见图 1 - 11。新概念吸气式发动机、高超声速空气动力学、机身和发动机一体化设计以及高温结构与材料方面的突破是成功研制空天飞机的基本保证。未来的载人航天将分四步走:第一步是继续建造"阿尔法"国际空间站,使 7 名航天员在上面长期工作,然后启动第二代国际空间站"贝塔"计划,作为宇宙飞行的中转站;第二步是建立空间基地,除具有空间站的全部功能外,还能对其他航天器进行加注燃料、维修更换仪器等在轨服务;第三步是建立月球基地,月球的引力只有地球的六分之一,月球上氦-3 的蕴藏量达 100 万吨,这是吸引多个发达国家制定有关月球基地计划的主要原因;第四步是载人火星飞行,研究火星对认识地球本身和整个太阳系都具有重要意义,尤其是对揭开生命的起源和演化进程很有帮助。

(a) X-33

(b) X-37

(c) X-43

图 1-11 空天飞机

（4）空间天文探测

　　未来的空间天文探测将包括四个方面：首先是研究日地关系，弄清楚太阳为什么变化和是怎样变化的，地球与行星之间是怎样响应的，以及这种响应对人类有何影响。其次是探索太阳系，确定太阳系是如何形成的，生命的起源到底是什么，行星在整个历史中经历了哪些变化。再次是了解宇宙的结构和演变，探索宇宙中物质和能量间的循环。最后是分析宇宙的起源，弄清星系、恒星和行星系统是怎样形成的。所有的天文卫星和无人宇宙探测器都将围绕这四个方面来研制，如"卡西尼"号土星探测器，"深空"系列空间探测器等，见图 1-12。随着人类空间探测活动范围的扩大及探测任务进一步趋于多样化，深空探测的新型推进技术、探测器智能自主技术、新型传感器和载荷技术、测控与通信技术等在取得长足进步的同时，也面临新的挑战。

(a)"卡西尼"号土星探测器

(b)"深空"1号空间探测器

(c)"深空"21号空间探测器

图 1-12 空间探测器

1.2 航空航天实践教学

1.2.1 实践教学

　　从哲学层面上讲，实践是人类在一定社会组织中有目的地认识世界、改造世界的物质活动。实践是认识的基础，在认识活动中起着决定性作用。毛泽东曾经说过"人的正确思想只能从社会实践中来"，这一精辟论述至今还有着深刻的指导意义。虽然学校主要是传授理论知识的场所，但是学生要获得这些知识，要发现新的知识，就不能离开实践。同时,实践教学对帮助、促进学生全面素质的提高有着积极意义。实践是学生了解理论价值和人生意义的重要条件,是激励和引导学生学习和掌握知识的动力源泉,是学生获得完全的知识而不是抽象的、片面的知识的必要条件,是将知识转化为学生的能力、智慧、精神、品格的必要途径。

实践教学是指围绕教学活动而开展的、学生亲身体验的实践活动。它既包括为认识、探索自然规律、掌握技术知识而开展的科学实验、生产实习等必要的验证性实验,也包括为解决实际的生产和社会问题,提高创新能力而开展的研究性、探索性、设计性、综合性实践,还包括以了解社会和国情、提高全面素质为宗旨的社会实践。

研究型大学是高端知识生产的重要基地,是拔尖创新型人才培养的核心机构,其培养的人才的品质与实践教学密不可分。

美国高校一直对培养学生的创新能力和实践能力非常重视,采取的措施也相当有力,成效比较显著。麻省理工学院的很多学生在校期间就参与工业界的实际项目实践,学校鼓励学生成为敢于创新、勇于承担风险的"探索者"。普林斯顿大学电机系要求学生完成一个汽车模型控制系统的设计,其中用到的一些知识是老师并未在课堂上讲过的,需要学生自己查找资料、自己选择微处理器、自己设计电路、自己独立解决出现的问题。麻省理工学院为本科生提供在政治和公共事物领域参加实践研究活动的机会,包括让学生到议员办公室、法律事务机构,以及涉及公共卫生、环境等社会问题的机构,参与一定的工作,目的是使学生在学习课堂知识以外增加参与政治活动,以及决策与实施方面的实际经验。斯坦福大学设置了暑期实践研究项目,组织人文社科类学生赴意大利、土耳其、秘鲁及美国国内有关地区进行历史遗迹考察和研究,并事先为学生开设专门的讲座课程,教给学生如何进行观察、收集数据、访谈、问卷调查以及撰写报告等。

德国在教育中非常重视实践过程、方法训练和能力培养。亚琛工大与德国企业界联系密切,强调"高校＋科研院所＋企业"的研究方式。在专业课教学中,老师讲授的内容大部分直接来源于生产实践,很多是结合了企业界正在使用的新技术。老师在安排教学计划时,尽量给学生提供进入厂家的机会,如学习机床时,让学生访问不同类型的机床厂。亚琛工大乃至德国其他高校的这些教学特点,与德国高度现代化的社会环境分不开。德国法律专业的毕业生必须通过两次国家考试才能执业,通过第一次国家考试意味着理论合格,第二次国家考试则要求学生在法院、检察院和律师事务所实习两年半,并接触大量实际案例后才能进行,通过第二次国家考试才意味着实践合格。

创新始于问题、源于实践,要强化实践育人意识,切实加强研究性实践教学,提高大学生的实践能力。"学生的创新能力不是教出来的,也不是学出来的,而是练出来的。"这就是实践教学理念。在这一理念的指导下把实践教学贯穿于学生培养全过程,在实验教学中融入科研元素,培养学生的动手能力、工程实践能力、创新能力,形成毕业生"上手快,肯实干、工程实践能力强"的人才培养特色。

1.2.2　飞行器设计实践教学

　　飞行器设计涉及飞行器设计理论、方法和设计过程,本专业人才培养必须面向先进航空航天飞行器产品,综合利用现代科学技术成果,以系统工程的方法,用工程语言的形式指导飞行器的制造、试验和使用。飞行器产品,是实实在在的东西,必须通过工程发展而得;在飞行器工程发展过程中,要通过大量的试验来检验设计的正确性,如风洞试验、静力试验、疲劳试验以及各系统和设备的综合试验等;飞行器设计涉及多个学科专业,必须在这些学科中进行折中并取得平衡;航空飞行器的寿命周期长达数十年,其设计将直接影响产品的效能发挥和使用维护成本。因此,飞行器设计具有工程性、试验性和多科性等特点。

　　我国航空航天工业经过几代人的努力,取得了卓越的成就,但在先进战斗机、大飞机、深空探测器等方面,与国外先进水平相比还存在较大差距。从国际大环境看,与 20 世纪六七十年代航空航天的飞速发展相比,当前的航空航天领域进入了一个相对成熟和平稳的发展时期,但仍然是一个相对繁荣的产业。21 世纪以来,我国航空航天事业进入了大发展时期,国家重大项目相继立项,经费投入大幅增加,这对飞行器设计专业人才培养提出了新的要求。创新型高科技人才是维持航空航天领域的活力和推动其向前发展的重要基础,如何通过实践教学环节培养创新型高素质航空航天专业科技人才,成为一个急需解决的问题。

　　从培养高素质创新型航空航天科技人才出发,必须高度重视飞行器设计专业的实践教学。针对飞行器设计专业的工程性、试验性和多科性等特点,同时考虑飞行器是一个复杂的大系统,研制周期长,费用高,须团队工作的情况,飞行器设计实践教学应涵盖以下内容:

　　① 面向航空航天飞行器的未来发展,把学生创新能力的培养贯穿于实践教学全过程;

　　② 设计是飞行器产品研制的第一个环节,不熟悉飞行器研制过程则难以取得好的设计方案,实践教学的目的之一是增强学生对飞行器研制全过程的了解和认识;

　　③ 强调飞行器的工程性特点,以飞行器原理或缩比样机的全过程研制(设计要求—设计—制作—试验—试飞)为支撑,培养学生的动手实践能力;

　　④ 实践教学包含必要的实验环节,锻炼学生自行通过实验或试验来验证或探索科学真理的能力;

　　⑤ 在设计阶段强化学生飞行器多科性认识,提高学生多学科综合设计的能力;

　　⑥ 每位学生在实践活动中的工作任务都有明确分工,应了解自己负责的部分在整个系统中的作用,自己工作的好坏将直接影响系统的成败,以此增强学生的责

任感；

⑦ 飞行器设计实践教学一般以分组形式进行，每组 6～10 名学生，培养学生分工负责、团结协作的团队精神。

1.2.3 本书的构成

本书共分 11 章和 1 个附录，内容如下：

第 1 章介绍航空航天的基本概念、飞行器的分类和未来发展、飞行器设计实践教学的基本内容以及本书的构成。

第 2 章介绍样机的设计流程，从拟定样机设计要求和型式选择开始，逐步介绍样机的设计步骤，目的是先给学生一个初步印象，使其了解一个小飞机的设计要完成的主要工作内容。

第 3 章介绍航空器飞行原理，从大气的基本知识、空气动力学基本原理开始，介绍样机上的空气动力——升力和阻力，最后对旋翼飞行器的飞行原理进行了描述，目的是使学生理解航空器为什么会飞。

第 4 章的主要内容是样机空气动力特性和主要飞行性能指标的估算方法，重点说明飞机的稳定性问题，这是保证样机能试飞成功的关键，最后介绍了样机的操纵性。

第 5 章主要介绍飞行器创新设计，从创新的基本概念和内涵开始，介绍了创新设计的需求和途径，以飞机的发展为例说明了飞行器创新设计的两种主要思路，最后重点介绍了北京航空航天大学学生的飞行器创新设计课程作品。

第 6 章为样机的制造，介绍制造使用的工具和器材，样机的典型结构，图纸的绘制，机翼、机身和尾翼的制作，以及起落架的制作等。

第 7 章为样机的装配，介绍机翼、机身、尾翼和起落架的组装，发动机和燃料箱的安装，接收机的安装，控制舵面、舵机、摇臂和拉杆的安装，以及全机检查等内容。

第 8 章为动力装置，介绍发动机的基本工作原理，型号和功率，燃料，螺旋桨，动力装置的拉（推）力和油耗，发动机试车，拉力和扭矩的估算及试验等内容。

第 9 章为样机的试飞，介绍遥控器动能和使用，试飞前调整和注意事项，以及试飞、起落航线、简单机动内容。

第 10 章为风洞模型的设计、制作与试验，介绍风洞试验模型的要求、设计方法、制造方法及风洞试验方法。

第 11 章为微型航空器和其他航天飞行器，介绍微型航空器的原理、特点、发展状况、关键技术，空间探测器、登月车、火星车等内容。

附录主要介绍了常用翼型，给出了翼型几何参数说明，并配有典型翼型的升力、阻力系数和升阻比曲线。

第 2 章 样机的设计流程

2.1 设计要求和型式选择

2.1.1 设计要求拟订

由于受到实验室场地、实验设施、经费支持等限制,飞行器设计实验一般以设计、制作、试验/试飞最大尺寸不大于 3 m 的小型航空器为主,包括各类模型样机和验证新概念布局或特定技术的原理样机。

设计要求是开始样机设计的依据。设计要求的拟订也需要一个过程,有时随着设计工作的开展还需要对设计要求中的个别指标进行修正,尽管如此,无论是进行模型样机实验还是原理样机实验,都必须先拟订设计要求。

设计要求尚无固定格式,典型地应包括以下内容:样机的用途和作用,样机起飞距离或起飞滑跑距离、着陆距离或着陆滑跑距离、最小平飞速度、最大平飞速度、爬升率、续航时间、航程、有效载荷能力等飞行性能指标,以及气动布局、动力装置、飞行控制、有效载荷(若有)等说明,也可包括翼展、机长、机高等数据。

在拟订设计要求时,即使不能确定上述性能指标的数据,也应通过查阅相关资料、小组讨论、征询有经验的同学或学长意见等方式,拟订一个初步的设计要求。

2.1.2 样机型式选择

所谓型式,是指样机的气动布局型式。简单地说,样机的气动布局型式就是样机气动承力面的布置型式。以飞机为例,飞机结构主要由机翼、机身、尾翼和起落架组成,其中机翼是用来产生升力的,飞行中机翼产生升力的同时也产生阻力,因而机翼是飞机的主要气动承力面;尾翼在飞行中也产生升力和阻力,其升力主要用于保证飞机的平衡和稳定,因而尾翼是飞机的辅助气动承力面。型式选择的重点工作就是确定飞机机翼和尾翼(主要是平尾)的布置方式。传统的飞机布局型式分为正常式、鸭式和无尾式布局,现在飞翼布局和三翼面布局也较为成熟,此外还有一些新的布局型式。

1. 正常式布局

正常式布局:水平尾翼位于机翼之后,如图 2-1 示,是已有飞机采用最多的布局,积累的知识和设计经验比较丰富。飞机正常飞行时,正常式布局的水平尾翼一般提供向下的负升力,保证飞机各部分的合力矩平衡,保持飞机的静稳定性。

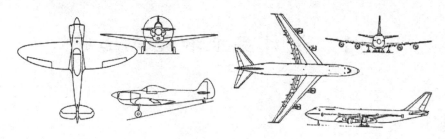

图 2-1 正常式布局

2. 鸭式布局

鸭式布局:水平尾翼位于机翼之前,如图 2-2 示。鸭式布局是飞机最早采用的布局型式,莱特兄弟设计的飞机就是鸭式布局。由于鸭翼提供的俯仰力矩不稳定,从而造成鸭式飞机发展缓慢。随着主动控制技术的发展,鸭式布局技术日趋成熟,鸭式飞机在中、大迎角飞行时,如果采用近距耦合鸭翼型式,则前翼和机翼前缘同时产生脱体涡,两者相互干扰,使涡系更稳定,从而产生很高的涡升力。鸭式布局的难点是鸭翼位置的选择以及大迎角时俯仰力矩上仰的问题。由于鸭翼位于飞机的重心之前,俯仰力矩在大迎角的情况下提供较大的抬头力矩(上仰力矩),因此必须有足够的低头力矩来平衡。前翼尖端涡流布置不当,会引起机翼弯矩增加,阻力增大。

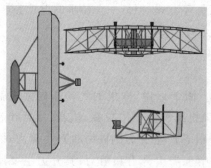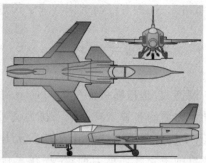

图 2-2 鸭式布局

3. 无尾式布局

无尾式布局：只有机翼，无平尾，一般有立（垂）尾，如图 2-3 所示。无尾布局飞机一般采用大后掠的三角形机翼，用机翼后缘的襟副翼作为纵向配平的操作面，配平时，襟副翼的升力方向向下，引起升力损失，同时力臂较短，效率不高。飞机起飞时，需要较大的升力，为此通常希望将襟副翼向下偏以增加升力，但这样会引起较大的低头力矩，为了配平低头力矩襟副翼又需上偏，这就造成了操纵困难和配平阻力增加。因此，无尾式布局的飞机通常采用扭转机翼的办法，保证飞机的零升力矩系数大于零，这样可以有效地降低飞机飞行时的配平阻力。无尾式布局飞机的优点是结构重量较轻、气动阻力较小、隐身性较好。

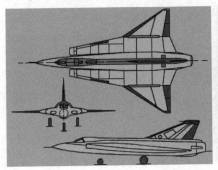

图 2-3   无尾式布局

4. 飞翼布局

飞翼布局：飞机只有机翼，没有平尾和立尾，一般采用翼身一体化设计，也没有明显的机身，如图 2-4 所示。由于没有尾翼，飞机的操纵性和稳定性难以保证，一般采用在飞翼后缘装襟副翼、升降舵、阻力方向舵等多个舵面来控制飞机的飞行，也可在机翼上表面装扰流板辅助控制。由于力臂短，所以舵面的操纵效率比较低。飞翼布局的航向稳定性非常差，一般要用先进飞控系统来实现飞机的稳定飞行。飞翼布局的优点是气动效率高、升阻比大、隐身性好。

5. 三翼面布局

三翼面布局：机翼前面有前翼，后面有平尾，如图 2-5 所示。三翼面布局是在正常式布局的基础上增加一个水平前翼而构成，它综合了正常式布局和鸭式布局的优点，有望得到更好的气动特性，特别是操纵和配平特性。增加前翼可以使全机气动载荷分布更为合理，减轻机翼上的气动载荷，有效地减轻机翼的结构重量；前翼和机翼的襟副翼、水平尾翼一起构成飞机的操纵控制面，保证飞机在大迎角的情况下有足够的恢复力矩,允许有更大的重心移动的范围;前翼的脱体涡提供非线性升力,提高全机最大升力。其缺点是,由于增加前翼使得飞机的总重有所增加。

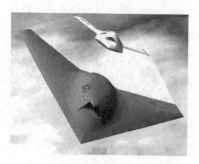

图 2-4　飞翼布局

图 2-5　三翼面布局

6. 其他布局

在上述常见飞机布局之外,还有一些所谓非常规或新概念布局型式,主要包括连翼布局、斜置翼布局、环形翼布局等型式。变体飞机是今后航空器的发展方向之一,折叠翼是变体飞机的一种布局型式。

对旋翼航空器而言,也存在单旋翼带尾桨、共轴双旋翼、横列双旋翼、纵列双旋翼、倾转旋翼、涵道旋翼等不同布局型式,另外为实现垂直起飞,还有倾转翼、倾转发动机喷口、混合旋翼和固定翼等布局型式。

就固定翼飞机的型式选择而言,机翼在机身上不同位置的安装可分为上单翼、中单翼和下单翼布局;平尾的安装也可分高置、中置和低置等布局;平尾和垂尾组合而成的 V 形尾翼布局、采用前三点式或后三点式起落架都属于不同的布局。另外,发动机安装在机身内或机身外,若在机身外,是安装在机身上还是机身上,若安装在机翼上,是安装在机翼上面还是下面等,也属于型式选择的工作内容。

2.2　设计流程

以固定翼飞机为例,样机的设计一般遵循以下流程。

2.2.1　飞机重量估算

设计要求拟订后,首先估算飞机重量。

飞机总重是其各部件重量之和:

$$W_0 = W_{str} + W_{bat} + W_{el} + W_{pl} + W_{motor} \tag{2-1}$$

式中:W_0 为总重;W_{str} 为结构重量;W_{bat} 为电池重量;W_{el} 为机载电子设备重量;W_{pl} 为有效载荷;W_{motor} 为电机重量。如果采用活塞发动机,则 W_{motor} 应为发动机、螺旋桨与燃油重量之和;如果用喷气发动机或其他动力装置,则也类似处理。

机载电子设备包括无线电接收机和舵机,这些可以从商店买到,实际重量可通过称重得到。电池、有效载荷、电机(动力装置)的重量也可以通过称重得到。

式(2-1)中需要进行估算的就剩下结构重量了。在样机初步设计阶段,可假定结构重量为一定比例的飞机总重,即

$$W_{str} = xW_0 \tag{2-2}$$

式中:x 为飞机的结构重量系数。

将式(2-2)代入式(2-1)得

$$W_0 = \frac{W_{bat} + W_{el} + W_{pl} + W_{motor}}{1-x} \tag{2-3}$$

结构重量系数 x 可以在 $0.25 \sim 0.75$ 之间取值。当结构重量系数为 0.25 时,飞机结构比较轻也比较薄弱;当结构重量系数为 0.75 时,结构将比较重且刚度大。

一般要通过试验来确定机载电子设备的能量消耗,如果通电 5 min,电源消耗 10 mA·h,按照这样的能量消耗,一个 700 mA·h 的电池就可以用 5 个多小时。也就是说,机载电池的重量要根据用电设备的多少和用电时间的长短来确定。

2.2.2　飞机机翼面积的确定

已知飞机总重量,就可以确定机翼的尺寸了。在水平飞行状态下,机翼产生的升力用于平衡飞机的重量,即两者相等。

升力用式(2-4)计算得

$$L = W_0 = \frac{1}{2}\rho V^2 C_L S \tag{2-4}$$

式中:L 为升力;ρ 为空气密度(约为 1.2 kg/m³);S 为机翼面积(即机翼在俯视图上的投影面积);C_L 为机翼升力系数。这时已知飞机总重,空气密度可以通过查表得到;未知参数为速度、升力系数和机翼平面面积。

由式(2-4)可求得机翼平面面积,即

$$S = \frac{2W_0}{\rho V^2 C_L} \tag{2-5}$$

如果使用设计要求中给定的最小速度 V_{min},就可得到所需的最大机翼面积。但还有一个参数需要确定,就是升力系数。在选择升力系数前,先做如下说明:

典型地,可找到两种类型的升力系数数据。最常见的就是升力系数对翼型攻角的曲线。翼型是一个假定的无限长机翼,它没有翼梢。翼型升力系数用符号 C_l 表

示,而有翼梢的机翼的升力系数用 C_L 表示。图 2-6 给出了一个翼型的空气动力数据示例,图中有两组数据,一个是 C_l 随翼型攻角的变化,另一个是翼型俯仰力矩系数(C_m)相对于攻角的数据。图 2-7 所示是一个标明了翼弦(连接翼型前缘和后缘的直线)和攻角(翼弦线和气流速度矢量之间的夹角)的翼型图。

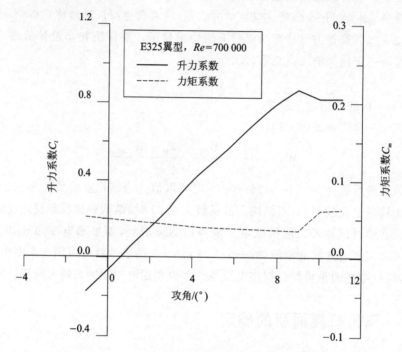

图 2-6 E325 翼型的升力和力矩系数随攻角的变化曲线

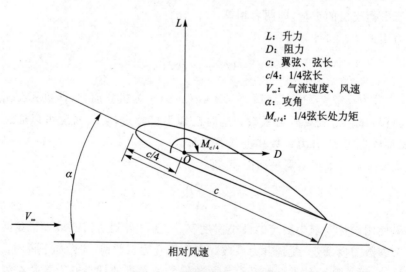

图 2-7 翼型及其相关术语

翼型升力系数有成千上万种不同翼型的数据可用,这些曲线可通过风洞试验产生,也可通过计算机计算得到。由翼型数据便可得到机翼的升力系数,即通过翼型数据便可选择一个合理的巡航升力系数。从图 2 - 6 可以看出,该翼型的 C_l 总不大于 0.8,由于翼梢处的空气耗散,使得机翼升力系数小于翼型的数据。平飞状态下,普通机翼的升力系数一般在 0.2~0.7 之间变化,所以在设计时不一定非得先确定翼型,可以先假定一个合理的巡航升力系数。如假设为 0.5,这个值小于大多数翼型的最大升力系数,应该是合理的。有了升力系数,根据前面得到的其他数据,便可由式(2 - 5)计算出机翼面积。

2.2.3　翼展、翼弦和展弦比的确定

接下来就该确定翼展、翼弦和展弦比了。翼展(b)是从一个翼梢到另一个翼梢的距离;翼弦(c)是机翼前缘和机翼后缘间的距离;展弦比(AR)是衡量一个机翼是长细(大 AR)还是短粗(小 AR)的度量,定义为

$$AR = \frac{b}{\bar{c}} = \frac{b^2}{S} \tag{2 - 6}$$

式中:$\bar{c}$ 是沿翼展的平均弦长(记住:不要求弦长沿整个翼展都不变)。

在选择展弦比之前,需要对展弦比与阻力关系的背景知识做一个说明。

阻力可由与升力公式(2 - 4)类似的表达式计算,即

$$D = \frac{1}{2}\rho V^2 C_D S \tag{2 - 7}$$

式中:D 为阻力;C_D 为阻力系数。飞机的阻力系数可由下式计算,即

$$C_D = C_{D0} + \frac{C_L^2}{\pi e AR} \tag{2 - 8}$$

式中:第一项叫作零升(废)阻力系数,取决于飞机的流线型外形;第二项称为升致阻力,或诱导阻力。由式(2 - 8)可看出,展弦比在诱导阻力项的分母中,所以展弦比越大,机翼产生的诱导阻力越小。在诱导阻力项的分母中还有 Oswald 系数因子 e,也会影响诱导阻力,但其影响程度一般要比展弦比小。设计飞机时应使阻力尽量小。

图 2 - 8 所示是一架飞机的下滑飞行。图中升力矢量作用在飞行方向的法线上(垂直于飞行方向),阻力作用在飞行方向的相反方向上,重力矢量向下或指向地心。这样,与飞行方向垂直和平行方向上的作用力分别为

$$L = W_0 \cos\theta \tag{2 - 9}$$
$$D = W_0 \sin\theta \tag{2 - 10}$$

式中:θ 为下滑角。由式(2 - 9)和式(2 - 10)可得

$$\frac{L}{D} = \frac{1}{\tan\theta} = \frac{R}{h} \tag{2 - 11}$$

式中:R 为下滑(滑翔机的一个任务要求)飞行阶段飞过的距离;h 为下滑开始时的高度。

由式(2-11)可求得达到规定航程所需的高度,即

$$h = \frac{R}{L/D} \qquad (2-12)$$

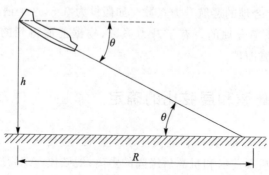

图 2-8 无动力滑翔及其相关术语

由式(2-12)可以看出,飞机升阻比越高,达到要求航程所需的初始高度就越低。因此,要求有高的升阻比。式(2-4)和式(2-7)可组合得到升阻比的另一个表达式,即

$$\frac{L}{D} = \frac{C_L}{C_D} \qquad (2-13)$$

根据上面的讨论,从空气动力的观点看,展弦比越大越好。然而,设计者必须注意到大展弦比对结构设计不利,为达到足够的刚度,展弦比大往往会超重。典型的展弦比应在 6~12 之间,设计先进战斗机验证机时,可小到 2。

现在需要假定一个零升阻力系数。对于干净和流线型飞机可小到 0.02,但对于某些制造粗糙的飞机,典型零升阻力系数的值可大到 0.10 或更大。还要假定一个 Oswald 系数因子,其典型值在 0.5~0.9 之间。一旦这些参数确定下来,就可由式(2-8)计算出飞机平飞情况下的阻力系数。

展弦比确定后,就可用式(2-7)来计算翼展。已知机翼面积等于翼展乘以平均弦长,这样就可以得到平均弦长了。飞机设计过程往往是一个反复迭代的循环过程,由于结构等限制,某些参数(如展弦比)的取值在设计过程中可能会改变。

从制造角度来说,最简单的机翼是从翼根到翼梢的弦长都不变的直机翼。然而,空气动力理论表明一个椭圆平面形状的机翼产生的诱导阻力最小,由于椭圆机翼在制造上非常困难,因而用直边梯形翼来作为一种折中方案,即弦长从翼根到翼梢线性变化。梢根比(梯形比)λ 定义为翼梢弦长与翼根弦长之比,经验表明,当梢根比在 0.4 以上时,较小的梢根比产生较小的诱导阻力。但是设计者要注意,对于低速飞机而言,翼梢弦长太小将引发翼梢失速问题(会造成飞机的横向不稳定)。一旦决

定了梯形比,就可计算出翼根和翼梢的弦长,即

$$c_{\text{root}} = \frac{2\bar{c}}{\lambda + 1} \tag{2-14}$$

$$c_{\text{tip}} = c_{\text{root}}\lambda \tag{2-15}$$

2.2.4　重心定位

图 2-9 所示为作用在一个水平飞行中飞机机翼上的力和力矩。图中通过翼型示意,机翼上的升力和力矩作用在机翼的空气动力中心(一般位于 1/4 弦长附近,图中 0.25 即表示 1/4 弦长处)上。空气动力中心定义为机翼上的一个点,绕该点的力矩不随攻角的变化而改变。重力作用在重心上,重心一般在全机的空气动力中心前面。如果把在重心处的力矩累加起来,则可得

$$M_{\text{cg}} = M_{\text{ac}} - L(x_{\text{ac}} - x_{\text{cg}}) \tag{2-16}$$

式中:M_{cg} 为绕重心的力矩;M_{ac} 为绕机翼空气动力中心的气动力矩;$x_{\text{ac}} - x_{\text{cg}}$ 为重心到空气动力中心的距离(重心在前)。如使机翼抬头,则将力矩 M_{cg} 定义为正。M_{ac} 可由下式求得

$$M_{\text{ac}} = \frac{1}{2}\rho V^2 C_{\text{m}} S\bar{c} \tag{2-17}$$

式中:C_{m} 为俯仰力矩系数(见图 2-6)。

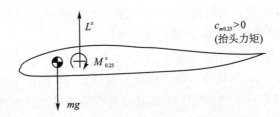

图 2-9　作用在机翼(翼型)上的力和力矩

飞机平飞过程中,绕飞机重心的力矩必须为 0。因此,机翼空气动力产生的力矩必须通过配置重心在升力的前面来平衡。当 $M_{\text{cg}} = 0$ 时,将式(2-17)代入式(2-16)得

$$\frac{x_{\text{ac}} - x_{\text{cg}}}{\bar{c}} = \frac{C_{\text{m}}}{C_L} = \sigma \tag{2-18}$$

式(2-18)用来确定飞机平飞时的重心位置,也就是说,重心到底在空气动力中心的前面多远才能使重力造成的低头力矩与气动力产生的抬头力矩相平衡。式(2-18)定义的无量纲距离 σ 称为静稳定余度,建议在 0.03~0.07 之间取值。

若设计的是无尾飞机,则跟设计其他飞机一样,需要有最起码的稳定度(即飞机飞行中受到阵风或控制输入干扰后能自动恢复到配平飞行状态)。有尾翼的飞机,

由平尾保证其稳定性,无尾飞机由机翼保证其稳定性。许多情况下,反折(S型)翼型的弯度线用来实现纵向稳定性,翼型增加上折使负力矩系数减小甚至为正。总之,要完全实现纵向稳定,飞机重心必须位于机翼空气动力中心之前,这种情况下,无尾飞机的机翼必须产生一个正的或抬头的俯仰力矩。

下面以无尾飞机为例,说明飞机重心位置的确定。假定无尾飞机采用简单的后掠梯形机翼。空气动力中心(亦称无尾飞机的中立点)可由下面两式之一确定,即

$$x_n = \frac{c_{root}}{4} + \frac{2b}{3\pi}\tan\psi_{c/4}, \qquad \lambda \geqslant 0.375 \qquad (2-19)$$

$$x_n = \frac{c_{root}}{4} + \frac{b(1+2\lambda)}{6(1+\lambda)}\tan\psi_{c/4}, \qquad \lambda < 0.375 \qquad (2-20)$$

飞机的重心位置必须在该点之前。$\psi_{c/4}$为机翼1/4弦线处的后掠角。空气动力中心确定后,根据设定的静稳定余度σ,按照式(2-18)便可确定飞机的重心位置(x_{ac})。

但是,如何保证机翼产生正的俯仰力矩呢?这里有几个因素会影响机翼俯仰力矩,一个是翼型,可以通过剪裁翼型形状来得到不同的力矩系数值C_m,也可以通过搜寻翼型数据库找出一个达到所需C_m的翼型;另一个影响机翼俯仰力矩的方式是机翼后掠,后掠机翼的升力分布从翼根到翼梢不断变化,会对机翼产生俯仰力矩,从翼根到翼梢的升力分布变化也可通过扭转机翼(称为几何扭转)或从翼根到翼梢采用不同翼型(亦称气动扭转)来实现。

为得到一个稳定的设计,一种确定以上变量的方法就是首先挑选用于机翼的一个翼型或两个翼型,也就是将机翼的C_m或机翼的气动扭转固定了下来;接下来计算达到要求的总组合机翼俯仰力矩所需的几何扭转。

下面将介绍确定几何扭转的方法。

首先,利用图2-10,在横轴上找到机翼的展弦比,向上画一条垂线,直到与1/4弦线后掠角相交,交点对应的纵轴上的数值就是所需扭转角的标准值(β_{req}^*),这是在假定升力系数为1.0($C_L^*=1.0$)、静稳定余度为0.1($\sigma^*=0.1$)及翼型力矩系数为0($C_m^*=0$)的条件下的扭转角标准值。根据从图中得到的β_{req}^*,利用图2-10中给出的公式便可计算出所需扭转角。该公式考虑了具体设计的升力系数和静稳定余度对扭转角的影响。

如果翼根和翼梢采用不同翼型,其零升攻角不同,将影响沿机翼展向的升力分布,则几何扭转角将减去翼梢和翼根翼型的零升攻角之差:

$$\beta_{a_0} = \alpha_{0,tip} - \alpha_{0,root} \qquad (2-21)$$

式中:α_0为翼型的零升力攻角,可从翼型数据库中查到。如果机翼翼根和翼梢采用相同的翼型,那么$\beta_{a_0}=0$。

翼型的力矩系数也对机翼的稳定性产生影响。图2-11用于查找由力矩系数C_m引起的等效扭转,并把用图2-10得到的所需扭转角减去该角度。如果所用翼型

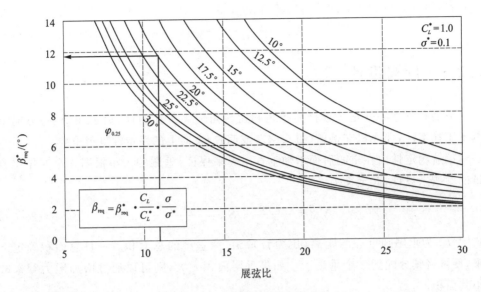

图 2 - 10　用于查找扭转角的图

为正力矩系数,则其贡献为正,使扭转角减小。与图 2 - 10 的应用相似,在图 2 - 11 的横轴上找到具体展弦比值,向上作垂线与后掠角曲线相交,则对应纵轴上的值为标准值 $\beta_{C_m}^*$。该图也是在标准条件下得到的,即力矩系数 $C_m^* = 0.05$。图中的公式用于根据实际选用翼型的 C_m 来计算 β_{C_m}。如果翼根和翼梢采用不同 C_m 值的翼型,则采用翼根、翼梢翼型力矩系数 C_m 之间的平均值。

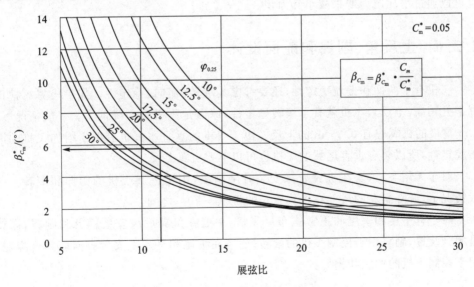

图 2 - 11　用于查找 β_{C_m} 的图

最后,计算得到机翼的几何扭转角 β_{geo} ,即

$$\beta_{geo} = \beta_{req} - \beta_{\alpha_0} - \beta_{C_m} \tag{2-22}$$

2.2.5 尾翼设计

适当布置重心并正确选择后掠角和扭转角使飞机在俯仰(抬头和低头)方向上具备了稳定性,而飞机在偏航(机头偏左或偏右)方向上的稳定性也很重要。

偏航稳定性由在重心后面增加垂直尾翼来保证,垂尾的大小根据一个叫作尾容量的参数来设计,其定义为

$$V_{vt} = \frac{l_{vt} S_{vt}}{bS}, \quad S_{vt} = \frac{0.04bS}{l_{vt}} \tag{2-23}$$

式中: l_{vt} 为垂尾到重心的距离(尾力臂); S_{vt} 为垂尾的总面积。一旦总面积确定下来,便可将其分配到多个垂尾上。如果垂尾面积太大,则可以通过增加尾力臂来减小其面积。

前面详细叙述了无尾飞机纵向稳定性问题。实际上,正常式布局飞机的纵向稳定性还可以由水平尾翼来保证。水平尾翼也根据尾容量来设计,具体设计方法与垂直尾翼类似,如下:

$$V_{ht} = \frac{l_{ht} S_{ht}}{bS}, \quad S_{ht} = \frac{0.7bS}{l_{ht}} \tag{2-24}$$

式中: l_{ht} 为平尾到重心的距离(尾力臂); S_{ht} 为平尾的总面积。如果平尾面积太大,也可以通过增加尾力臂来减小其面积。

2.2.6 上反角、副翼和舵面设计

飞机有了俯仰和偏航稳定性,还要考虑其滚转(横向)稳定性。如果机翼翼梢比翼根处稍高(上反),飞机就有了滚转稳定性,原因是飞机重心降低了。一般情况下,1 m 翼展的机翼应有 0.05 m 的上反。由于飞机的垂直尾翼也有助于增加飞机的滚转稳定性,所以装有垂直尾翼的飞机也可以不要机翼上反。

对于无尾飞机,要在机翼后缘安装升降副翼,用于控制飞机的俯仰和滚转。一般情况下,升降副翼的尺寸在机翼弦长的 10%~20% 之间。

对于有平尾和垂尾的正常式布局飞机,一般在机翼后缘安装襟翼和副翼,襟翼是增升装置,副翼用于控制飞机的滚转;还应在垂尾和平尾上安装方向舵和升降舵,用于控制飞机的偏航和俯仰。

第 3 章　飞行原理

3.1　空气动力学基础

3.1.1　大气的基础知识

飞机是在覆盖地球表面的大气中飞行,所谓大气,就是包围地球的空气。大气在地球引力作用下聚集在地球周围,其总质量的 90% 集中在离地球表面 15 km 高度以内。大气没有明显的上界,根据大气温度随着离地球表面高度的变化,将大气划分为对流层、平流层、中间层、热层和散逸层。对流层是最低的一层,飞机主要在对流层中飞行,其温度随离地高度增加而降低。对流层高度随地球纬度、季节的不同而变化,赤道地区对流层的平均高度为 18 km 左右,中纬度地区约为 11 km,而南北极地区对流层高度只有 7~8 km。

1. 大气的状态参数

对于一定数量的气体,根据其压强、温度和密度就可决定其状态,所以这三个参数就称为大气的状态参数。

压强 P 是由于空气分子不断运动时冲击到物体表面而产生的,其表现形式就是人们感觉到或测量到的空气压力的大小。比如,在一个瓶子里存在的气体分子越多,平均冲击力就越大,气体对瓶子内壁的压力就越大。压强就是每单位面积所受空气压力的大小,气体对瓶子内壁的压力越大,压强就越大。如果瓶子里气体分子数目不变,但温度升高,那么瓶子内的分子运动活跃,速度加快,结果冲击力就会变大,气体的压强相应增大。压强的单位是帕(Pa),1 Pa=1 N/m²。

物体内所含物质的数量称为质量,质量不随地区、气候的不同而变化。重量是物体受到地球引力作用而被人们感觉到或测量到的力的大小,与物体和地球之间的距离有关。空气的密度 ρ 就是单位体积空气的质量。在不同的地区,当气压不同时,空气的密度也会不同。

大气温度 T 是表示空气冷热程度的物理量,微观上来讲是空气分子热运动的剧烈程度。空气分子运动越快,温度就越高。温度也是空气分子间平均动能的一种表现形式,温度高空气分子动能大,温度低则动能小。大气温度用热力学温度 $T(K)$ 表示,但大家习惯用摄氏温度 $t(℃)$ 表示,两者之间的关系是 $T=273\ K+t$。在对流层中,大气的温度随高度的增加而线性下降,大约每升高 1 000 m,温度下降 6.5 ℃。

在理想气体状态下,大气的压强、密度和温度之间满足气体状态方程,即

$$P = \rho RT \tag{3-1}$$

式中:$R=287.05\ J/(kg \cdot K)$,为大气气体常数。

声速也是一个描述大气状态的参数。声速就是声音在空气中的传播速度,它受大气温度和密度的影响:温度高,声速大;密度高,声速也大。在对流层中,声速随高度的增高而降低。

2. 国际标准大气

从上面的描述可知,大气的物理参数随地理位置、地形、季节的不同而变化,为了便于计算以及与在不同地区制造的飞行器性能进行比较,国际上建立了一个统一的标准,即国际标准大气。国际标准大气以北半球中纬度地区的大气物理参数的平均值为基础建立,假设空气是理想气体,满足状态方程,按照这个标准,各个不同高度上空气的压强、密度和温度便是一定的值,通常用国际标准大气表表示,见表 3-1。

表 3-1　国际标准大气表(部分数据)

高度/m	压强/Pa	温度/K	密度/(kg·m^{-3})	声速/(m·s^{-1})
−1 000	113 937	294.5	1.346 5	345
0	101 325	288.15	1.225 0	341
1 000	89 876	281.65	1.111 7	337
2 000	79 501	275.15	1.006 6	333
3 000	70 121	268.66	0.909 2	329
4 000	61 660	262.17	0.819 4	325
5 000	54 048	255.68	0.736 4	321
6 000	47 217	249.19	0.660 1	317
7 000	41 105	242.70	0.590 0	313
8 000	35 651	236.22	0.525 8	309
9 000	30 800	229.73	0.467 1	304
10 000	26 499	223.25	0.413 5	300
11 000	22 699	216.77	0.364 8	296
12 000	19 339	216.65	0.311 9	296
13 000	16 576	216.65	0.266 6	296

国际标准大气是以平均值加上一些假设制定的,因而各地的实际大气参数与国际标准大气之间是存在差别的。

3. 大气的粘性

大气的粘性是空气在流动过程中表现出的一种物理性质,是空气分子做不规则运动的结果。由于粘性的作用,空气流过物体表面时,最靠近物体表面的空气由于附着在物体表面,因而这一层空气的流动速度很慢,离开物体表面稍远,空气的速度稍大,远到一定距离后,空气的流动速度就变得与自由流动的速度一样快了。也可以这样理解,大气粘性的作用只明显地表现在物体表面薄薄一层空气内,在此之外可认为没有粘性,这一薄层空气称为边界层。边界层内的空气流动情况与外面的气流不同,边界层最靠近物体表面的地方空气流动速度为 0,最外边的流动速度最大,为自由流的速度。若把边界层再细分为由若干层薄空气组成,则每一层的流动速度不同,相邻两层空气之间就产生相互牵扯的内摩擦力,即粘性力。飞机飞行时产生的摩擦阻力就是由于空气的粘性所致。

粘性的大小用粘度(又称粘性系数或内摩擦系数)表示。相对于像气体一样可以流动的液体来说,空气的粘性比较小。例如水的粘度为 1.002×10^{-3} Pa·s,而空气的粘度为 1.81×10^{-5} Pa·s,不到水的 2%。流动物体的粘性与温度有关,随着温度的升高,气体的粘性增加,而液体的粘性减小。

4. 可压缩性

气体的可压缩性是指当气体的压强改变时其密度和体积改变的性质。不同形态的物质的可压缩性差异很大,如固体和液体,当压强增大时,其密度和体积基本保持不变,因此一般认为液体和固体是不可压缩的。当空气的压强增加时,其体积会减小、密度会增大,所以气体是可压缩的。

飞机在空气中飞行时,对空气有压缩作用,被压空气的状态参数会发生改变。当飞机飞行速度较高时,压缩作用的影响就大;当低速飞行时,压缩作用的影响较小,空气的压强、密度的改变量也较小,这种情况下为研究方便,可以不考虑空气可压缩性的影响。

3.1.2　空气动力学基本原理

一个物体在空气中运动时,或者是空气从物体表面流过时,空气对物体都会产生作用力,物体和空气之间由相对运动产生的这种作用力就叫作空气动力。

飞机在空气中飞行时,空气作用在整个飞机的表面上,产生空气动力。若把整个飞机产生的空气动力看成一个总的力矢量,那么该力矢量在垂直于来流速度方向上的分量叫作升力,升力用于平衡飞机的重量,保持飞机在空气中飞行;力矢量在平行于来流方向的分量叫作阻力,所以飞机上要安装发动机,产生向前的拉力或推力来克服阻力。在讨论飞机升力和阻力之前,先要熟悉几个空气动力学的基本原理。

1. 相对运动原理

假如你坐火车离开某站,对于站台上送行的人来说,火车离开了车站;而对于坐在火车上的你,如果以火车为坐标系,则是车站离开了你。从运动学的角度来说,这两种说法都对,因为你和车站发生了相对运动。

相对运动原理对于研究飞机的飞行是有意义的。飞机和空气的相对运动,无论是飞机在静止的空气中运动,还是飞机不动而是空气流过飞机,只要是相对运动的速度和相对运动的姿态一样,那么在飞机表面产生的空气动力就是一样的。

根据相对运动原理,在研究飞机的空气动力特性时,可以采用一种叫风洞的实验设备。风洞利用风扇或其他方法产生稳定的气流,把飞机模型放在风洞的实验段,让气流流过模型表面,进行吹风实验,测出模型表面产生的空气动力数据和模型在空气中以相同速度和姿态飞行时测出的数据是相近的。

2. 连续性原理

日常生活中大家可以看到,在一条河流中,河面宽或河床深的地方,水的流速慢;而河面窄或河床浅的地方,水的流速快。夏天走到门洞处感觉凉快些,事实上是因为门洞处空气流动的速度快,也就是风大。这些都可以用流体的连续性原理来解释。

图3-1所示为一个变截面的管道,空气从箭头所示的进口端流进,从出口端流出。这里要做一个假设,假设空气在管道中做定常流动,即管道中流动气体的状态参数不随时间的变化而改变,也就是要保证流入和流出管道的气体等量。在管道中流动的气体,单位时间内,流过管道1—1截面的气体质量应与流过2—2截面的气体质量相等。质量等于气体体积和密度 ρ 的乘积,体积为截面面积 A 乘以速度 v 与时间 $t(t=1)$ 之积,即

$$\rho_1 v_1 A_1 = \rho_2 v_2 A_2 \tag{3-2}$$

若管道有若干个不同的截面,将式(3-2)推广可得

$$\rho_1 v_1 A_1 = \rho_2 v_2 A_2 = \rho_3 v_3 A_3 = \cdots = C \tag{3-3}$$

式中:C 为常数。这就是气体在管道中流动的连续性方程。

当空气低速流动时,可以忽略可压缩性的影响,即认为空气的密度不发生变化,此时式(3-3)变为

$$v_1 A_1 = v_2 A_2 = v_3 A_3 = \cdots = C \tag{3-4}$$

式(3-4)称为不可压缩流体在管道中流动的连续性方程。由此可知,对于不可

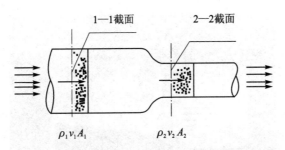

图 3-1　空气在变截面管道中的流动情况

压缩流体,或者说,空气低速流动时,流动速度与流过的截面面积成反比。截面面积大的地方流速慢,截面面积小的地方流速快。

3. 伯努利定理

根据能量守恒定律,对于一定量物质,不论发生什么样的变化,其能量都可以转换,但总能量始终保持不变。伯努利定理就是能量守恒定律在流体中的应用。

当空气水平运动时(重力势能保持不变),它包含两种能量:一种是空气垂直作用在与其接触的物体表面的静压强能,另一种是由于空气运动而具有的动压强能。根据能量守恒定律,这两种能量之和应保持不变。由于液体和气体都具有相似的性能,下面以一个液体的实验来说明上述问题。

图 3-2 所示为一个文式管实验示意图。在 A、B、C 三个不同的截面处安装一样粗细的 3 根玻璃管,分别为 1、2、3 号,下端与变截面管连通。当左右两个水龙头都关闭时,水在管道中没有流动,3 根玻璃管中的水位一样高,与左端水缸内的水位平齐,即不同截面处水的压强相同,等于水缸中水的静压强。若把进口和出口处的两个水龙头均打开,使得放掉多少水就补充多少水,保持水在变截面管中水平流动时的状态不随时间的变化而改变,此时 3 根玻璃管中的液面都降低了,且不同截面处的液面高度也不同,1 号管水面最高,3 号管水面最低,说明水在流动过程中不同截面处的压强也不同。根据前面讲过的连续性原理,C 截面最小,水在 C 处的流速最快;A 截面最大,水在 A 处的流速最慢。也就是说,流体在变截面的管道中流动时,流速小的地方压强大,流速大的地方压强小。若以 $\frac{1}{2}\rho v^2$ 代表流体流动时由流速产生的动压强,那么按照能量守恒定律,总压能＝静压能＋动压能＝常数,表示为

$$P + \frac{1}{2}\rho v^2 = C \tag{3-5}$$

对于图 3-2 中不同截面的情况,则有

$$P_1 + \frac{1}{2}\rho v_1^2 = P_2 + \frac{1}{2}\rho v_2^2 = P_3 + \frac{1}{2}\rho v_3^2 = \cdots = C \tag{3-6}$$

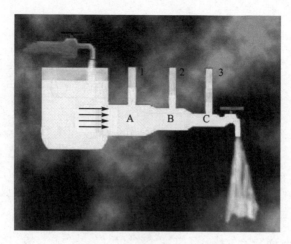

图 3 - 2　文式管实验示意图

这就是不可压缩流体的伯努利方程。

空气流动时也具有同样的性质。也就是说，空气在变截面管道中流动时，若忽略可压缩性和温度变化的影响，则截面面积大的地方，空气流速慢（动压强小），静压强大；截面面积小的地方，空气流速快（动压强大），静压强小。这就是不可压缩流体的伯努利定理所反映的实质。

4. 边界层与雷诺数

前面介绍大气的粘性时已经提到了边界层的概念。空气流过物体表面时，贴近物体表面的空气质点粘附在物体表面上，这部分空气的运动速度为 0。随着离开物体表面距离的增加，空气质点的运动速度逐渐增大，远到一定的距离后，空气粘性的作用就不明显了，这一层薄空气就叫作边界层。对于原理样机或缩比模型样机这样的小型航空器，边界层的厚度为 2～3 mm。

在边界层中，如果空气的流动是一层一层的有规律的，就叫作层流边界层；如果空气的流动是杂乱无章的，则叫作湍流或紊流边界层。

气流刚开始接触物体时，边界层比较薄。随着气流流过物体的表面增长，边界层逐渐加厚，由于物体表面造成的扰动和空气质点的无规则活动，厚的边界层易产生层流破坏，气流分离，形成湍流边界层。另外，气流的流动速度越快，空气的密度就越大，也会促使气流分离；而且，如果气体的粘性越大，流动起来就越稳定，就越不容易变成湍流边界层。根据上述分析，可用一个叫作雷诺数的参数来判断边界层会不会发生变化。雷诺数 Re 的定义如下：

$$Re = \frac{\rho v l}{\mu} \tag{3-7}$$

式中：ρ 为空气密度（kg/m³）；v 为空气流动速度（m/s）；l 为气流流经物体的距离，也叫特征长度(m);μ 为空气粘度(Pa·s)。

对于低空飞行的各类样机,空气的密度和粘度可认为不变,这样雷诺数由下式计算,即

$$Re = 69\ 000\ vl \qquad (3-8)$$

层流边界层变成湍流边界层时的雷诺数称为临界雷诺数。空气流过物体表面时的雷诺数小于临界雷诺数,那么物体表面形成的边界层就是层流边界层;超过临界雷诺数,层流边界层就开始转变成湍流边界层,因此临界雷诺数表示流体从层流向湍流过渡的转捩点。对于本课程所涉及的各类样机来说,临界雷诺数大约是50 000。

这里还要注意一点,对于真实飞机来说,速度大、尺寸大,因而雷诺数也很大。机翼表面上气流形成的边界层绝大多数为湍流边界层,其空气动力特性与本课程所涉及的各种样机有明显差别,所以设计样机时只能参考而不能使用真实飞机的数据。

3.2　飞机上的空气动力

飞机在空气中飞行时,空气流过飞机表面产生空气动力。升力主要靠飞机机翼产生,用来平衡飞机的重力;飞机机翼、机身、尾翼以及不可收放的起落架在飞行中都会产生阻力,阻力靠飞机发动机产生的拉力或推力来克服。

3.2.1　升　力

升力主要由飞机的机翼产生。机翼的翼剖面叫作翼型。翼型一般是前缘圆钝、后端尖锐、上表面拱起、下表面较平,跟一条鱼的侧面投影形状差不多。翼型的前端点叫前缘,后端点叫后缘,前后缘之间的连线叫作翼弦,翼弦与飞行方向或相对气流方向之间的夹角称为攻角(也叫迎角),如图 3-3 所示。

当空气流过机翼时,气流被机翼分成上下两股,通过机翼后在后缘汇合成一股。由于机翼上表面拱起,使上方气流流过的通道变窄,根据连续性原理和伯努利定理,通道窄的地方流速快,动压大,静压小,所以从机翼上表面流过的空气的静压强比从机翼下面流过的空气的静压强小。也就是说,以单位面积来说,空气作用在机翼上表面的空气压力比作用在下表面的空气压力小,这个压力差就是机翼产生的升力。当升力的大小等于飞机重量时,飞机就升空飞行了。机翼面积、相对速度、空气密度、机翼形状和飞行姿态等都会对升力的大小产生影响。升力用下式计算:

$$L = \frac{1}{2}C_L\rho v^2 S \qquad (3-9)$$

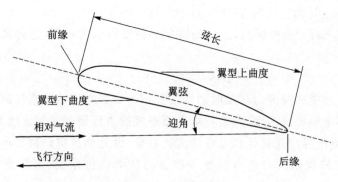

图 3-3　机翼翼型

式中：S 为机翼面积(m^2)，机翼面积越大，升力越大；v 为机翼相对空气的运动速度(m/s)，速度越快，机翼产生的升力越大，而且速度对升力的影响是二次的；ρ 为空气密度(kg/m^3)，飞机飞行高度越低，机翼产生的升力越大；C_L 为升力系数，飞机的升力系数主要与机翼翼型形状相关，与机翼的平面形状也有一定关系，同时取决于飞机飞行时机翼翼弦与相对气流速度矢量之间夹角（迎角）的大小。

　　例如，有一架模型样机，机翼采用 Clark Y 12% 翼型，面积为 0.45 m^2，当飞机在 6° 的迎角下以 12 m/s 的速度飞行时，就可求出升力的大小。

　　从本书附录中可查到 Clark Y 相对厚度 12% 的翼型在 6° 迎角下的升力系数为 0.97。注意，翼型升力系数与飞机的升力系数不同，飞机升力系数一般不大于翼型升力系数的 90%，现在取飞机升力系数为翼型升力系数的 80%，即 0.776，取空气密度为 1.2 kg/m^3，由式(3-9)可求得飞机升力，即

$$L = \left(\frac{1}{2} \times 0.776 \times 1.2 \times 12^2 \times 0.45 \right) \text{N}$$
$$= 30.17 \text{ N}$$

　　从该例子可以看出，一架翼展 1.5 m、弦长 0.3 m 的样机，其起飞总质量可超过 3 kg。

　　由前文可知，升力计算公式中的升力系数主要与翼型和迎角 α 有关。机翼翼型有对称和非对称之分，对称翼型在迎角为零时不产生升力，要有一定的迎角才会产生升力；非对称翼型在迎角为零时也有升力产生，零升力迎角为负。在一个不太大的迎角范围内，随着迎角的增大，升力或升力系数会随之增大，如图 3-4 所示。当迎

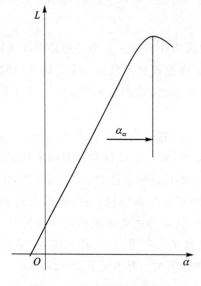

图 3-4　升力随迎角的变化

角增大到一定程度时,机翼上表面从前缘到最高点的气流压强减小,从最高点到后缘压强增大;当迎角大到一个值(临界迎角 α_{cr})时,就会从机翼翼型最厚点后开始分离,在翼面后半部产生旋涡,造成升力突然下降,阻力迅速增大,这种现象叫作失速。失速是飞机飞行中必须避免的,因而飞机不应以接近或大于临界迎角的状态飞行。设计飞机时,要尽量推迟气流在机翼上的分离,推迟失速的发生。一般来说,层流边界层较容易分离,湍流边界层较难分离,如果在机翼表面造成湍流边界层,则可推迟失速。增大雷诺数可达到此目的,但对小尺寸的样机来说,雷诺数不可能增加很大,只能通过人工扰流的方式使层流边界层变成湍流边界层。

3.2.2 阻 力

飞机在空中飞行时,不仅机翼会产生阻力,飞机的其他部件也会产生阻力。对于本课程涉及的低速飞行的小型航空器,按阻力产生的机理可分为摩擦阻力、压差阻力、诱导阻力和干扰阻力,下面分别讲述。

1. 摩擦阻力

当空气流过飞机表面时,由于空气的粘性作用,在空气和机翼表面之间以及空气与飞机其他表面之间都会产生摩擦阻力。如果气流在机翼表面的边界层是层流边界层,则空气粘性所引起的摩擦阻力较小;如果机翼表面产生了湍流边界层,则空气粘性引起的摩擦阻力就比较大。

为减小摩擦阻力,一是要尽量减小样机的浸湿面积或样机与空气的接触面积,二是要把样机的表面制作得尽量光滑。

2. 压差阻力

比如一块平板,平行于气流运动时产生的阻力小,垂直于气流运动时产生的阻力大,这就是由于平板前后存在压力差而引起的,这种阻力就是压差阻力,如图 3-5 所示。空气在平板前面产生的压力大,后面产生的压力小,压差阻碍平板前进。

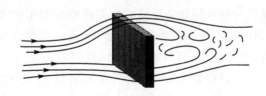

图 3-5 平板垂直气流运动的情况

很明显,压差阻力的产生主要取决于物体的形状,但根本原理还是由于空气的粘性。再比如空气流过一个圆球,如果空气没有粘性,则圆球上下、前后、左右的压强分布相同,无压差。但由于空气的粘性,气流流过圆球表面时损失了一些能量,不能绕过圆球回到圆球后面去,于是就产生了气流分离,在圆球后面形成了旋涡区,如图 3-6 所示,这里的压强小,就产生了压差阻力。

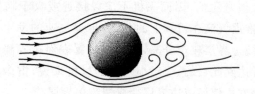

图 3-6 空气粘性造成压差阻力的产生

减小压差阻力就要尽量减少物体后面的旋涡区,增大物体后面气流的压强。流线型物体能很好地满足这一要求,因而样机和其他飞机上的部件都要尽量采用流线型外形。

3. 诱导阻力

图 3-7 翼梢涡流

在飞机飞行时,由于机翼上下表面气流压强不同进而产生升力。下表面压强大,上表面压强小,由于机翼的长度(翼展)有限,机翼存在两个翼梢,从而下表面压强大的气流就要绕过翼梢向机翼上表面的低压区流动,于是在翼梢处形成涡流,如图 3-7 所示。随着飞机向前飞行,翼梢处的旋涡就从翼梢向后流去,产生一个向下的下洗流,该下洗流使机翼产生的升力向后稍微倾斜了一个角度,这样升力的合力在阻力方向的分量增加,这部分阻力就叫作诱导阻力,它是飞机产生升力附带来的,也叫作升致阻力。如果机翼的展长是无限的,就不会有诱导阻力产生,因而减小诱导阻力的办法就是增大机翼的展弦比,或增加翼梢小翼。

4. 干扰阻力

当气流流过飞机表面时,流过飞机各部件的气流之间相互干扰产生的阻力就叫作干扰阻力。如机翼机身的连接处会形成一个先收缩后扩张的管道,气流流过时压强由小变大,导致后面的气流有往前流动的趋势,形成一股逆流,该逆流与不断由通道流过来的气流相遇,产生旋涡,形成额外阻力,这一阻力由于气流相互干扰而成,故称干扰阻力。设计样机时要妥善布置各部件的相对位置,必要时部件之间加装流线型整流蒙皮,使连接处圆滑过渡,减少旋涡的产生,从而减小干扰阻力。

飞机高速飞行时还会产生激波阻力。

飞机总的阻力 D 由下式计算:

$$D = \frac{1}{2} C_D \rho v^2 S \qquad\qquad (3-10)$$

式中:S 为机翼面积(m^2),机翼面积越大,飞机的阻力越大;v 为机翼相对空气的运动速度(m/s),速度越快,飞机的阻力越大;ρ 为空气密度(kg/m^3),飞行高度越低,飞机的阻力越大;C_D 为阻力系数,飞机的阻力系数与上述阻力产生的原因相关,也与飞机飞行时的迎角有关。其中,飞机的阻力系数由下式计算:

$$C_D = C_{D0} + A C_L^2 \qquad\qquad (3-11)$$

式中:C_{D0} 为飞机的零升阻力系数,包括摩擦阻力、压差阻力和干扰阻力;A 为诱导阻力因子;C_L 为飞机的升力系数。

可以看出,设计的样机在飞行中若要产生大的升力,可以通过增大机翼面积,提高飞行速度,降低飞行高度来实现;同时,飞机产生的阻力也增大。因而飞机的设计是在一个矛盾体中寻求一个平衡或折中的方案。当然,希望该方案的升力越大越好,阻力越小越好。也就是说,设计飞机时,要追求升阻比越大越好。升阻比 K 由下式定义:

$$K = \frac{L}{D} = \frac{C_L}{C_D} \qquad\qquad (3-12)$$

除升力和阻力外,飞机上的空气动力还有力矩,包括俯仰力矩、偏航力矩和滚转力矩。

3.3　翼型和机翼

机翼是飞机产生升力的部件,翼型的选择对机翼的空气动力性能有重大影响。前人已经在翼型上做了大量工作,取得了许多有用的数据。一般在设计飞机时,先考虑选用现成的翼型,只有在现有翼型不能满足要求的情况下,才自己设计翼型或对现有翼型进行修改。

3.3.1　翼　型

翼型具有各种不同的形状,如图 3-8 所示,其中图 3-8(a)和(h)~(j)中的上下表面关于中线或翼弦线对称,故称为对称翼型,其余均为非对称翼型。对称翼型的零升迎角为零,非对称翼型的零升迎角为负。其中,图 3-8(a)所示为平板翼型,风筝就采用这样的翼剖面,空气动力特性不好;图 3-8(b)所示为薄的单凸翼型,升力特性有改善;图 3-8(c)所示为凹凸形翼型,升力特性虽然较好,但阻力特性却不好,只适用于速度很低的飞机上,加上后部很薄且弯曲,对机翼结构不利,目前已很少应用;图3-8(d)所示为平凸形翼型,机翼结构和加工都比较方便,空气动力特性也不错,目前在某些低速飞机上还有应用;图3-8(e)所示为S形翼型,这种翼剖面的中线呈S形,它的特点是尾部稍稍向上翘,使得压力中心不会前后移动,一般无尾或飞翼布局飞机采用这种翼型;图3-8(f)所示为双凸形翼型,升力和阻力特性都较好,在构造方面也有利,广泛应用于活塞发动机的飞机;图3-8(g)所示为层流翼型,它的特点是压强分布的最低压强点位于翼剖面靠后的部分,可减小阻力,常用于速度较高的飞机上;图3-8(h)所示为对称的双凸形翼型,常用于各种飞机的尾翼;菱形翼型(见图3-8(i))和双弧形翼型(见图3-8(j))常用在超声速飞机上,它们的特点是前端很尖,相对厚度很小,超声速飞行时阻力很小,但低速和结构特性欠佳。翼型仍在不断发展,如我国大型客机采用的超临界翼型就是较新的发展成果之一。

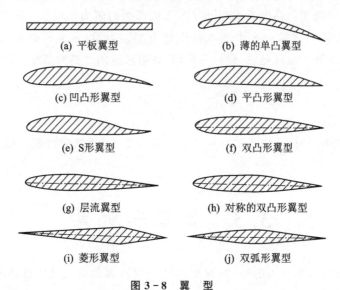

(a) 平板翼型

(b) 薄的单凸翼型

(c) 凹凸形翼型

(d) 平凸形翼型

(e) S形翼型

(f) 双凸形翼型

(g) 层流翼型

(h) 对称的双凸形翼型

(i) 菱形翼型

(j) 双弧形翼型

图 3-8　翼　型

本书附录中给出了常用翼型的主要几何参数及其空气动力性能曲线。

3.3.2　机翼平面几何参数

机翼在机翼基本平面上的投影形状称为机翼的平面形状。一般来说,机翼是指包括穿越机身部分但不包含边条等辅助部件的机翼,又叫基本机翼或参考机翼。对于直边机翼而言,其穿越机身部分通常是由左右机翼的前缘和后缘的延长线构成的,也可以由左右外露机翼根弦的前缘点连线和后缘点连线构成。机翼基本平面是指垂直于飞机参考面且包含中心弦线的平面。所谓飞机参考面,就是机体的左右对称面,飞机的主要部件对于此面是左右对称布置的。

机翼的前后缘和翼梢一般由直线组成,但也有由曲线和折线构成的机翼。为计算和制造上的方便,本课程涉及的样机建议采用直边机翼。按照平面形状的不同,机翼主要分为平直翼、后掠/前掠翼和三角翼 3 种基本类型,如图 3-9 所示。

平直翼　　　　　　　　后掠翼　　　　　　　　三角翼

图 3-9　机翼平面形状的基本类型

表示机翼平面形状的主要参数有:机翼面积、翼展、弦长、后掠角、展弦比和梯形比(梢根比)等。

1. 机翼面积

基本机翼在机翼基本平面上的投影面积,称为机翼面积,用 S 表示。样机的机翼一般采用上单翼或下单翼安装,这时的机翼面积就是整个机翼的投影面积;若采用中单翼,则机翼面积应包含被机身遮挡部分的面积。

2. 翼　展

在机翼左右端刚好与机翼轮廓线接触,且平行于机翼对称面(通常也是飞机参考面)的两个平面之间的距离称为机翼的展长,简称翼展,用 b 表示,即从机翼左翼梢到右翼梢的距离,如图 3-10 所示。

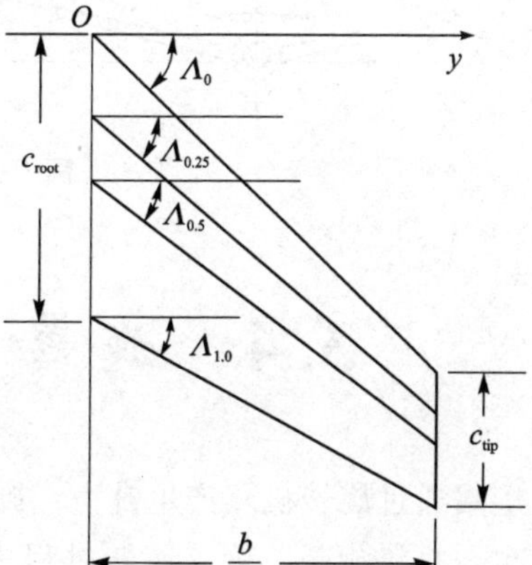

3. 弦　长

机翼前缘到后缘的连线叫翼弦,翼弦的长度就是弦长。一般机翼的弦长是不等的,机翼根部的翼根弦长 c_{root} 最长,翼梢弦长 c_{tip} 最短。

4. 后掠角

图 3-10　机翼几何参数

翼面特征线与参考轴线相对位置的夹角称为后掠角。机翼上有代表性的等百分比弦点连弦同垂直于机翼对称面的直弦之间的夹角称为机翼的后掠角,用 Λ 表示。通常 Λ_0 表示前缘后掠角,$\Lambda_{0.25}$ 表示 1/4 弦线后掠角,$\Lambda_{0.5}$ 表示中弦线后掠角,$\Lambda_{1.0}$ 表示后缘后掠角。后掠角表示机翼各剖面在纵向的相对位置,也即表示机翼向后倾斜的程度。后掠角为负表示翼面有前掠角。如果不特别指明,则后掠角通常指

1/4 弦线后掠角。平直翼的 1/4 弦线后掠角大约在 20°以下,多用于亚声速飞机;后掠机翼 1/4 弦线后掠角大多在 25°以上,用于高亚声速和超声速飞机;三角翼前缘后掠角约为 60°,后缘基本无后掠,多用于超声速飞机。

5. 展弦比

展弦比为机翼翼展与机翼平均几何弦长之比。若把机翼等效为一个矩形,则翼展即为长,平均弦长为宽。用翼展同乘分子和分母,机翼的展弦比即为翼展的平方与机翼面积之比,用 AR 表示,计算公式见式(2-6)。

6. 梯形比

机翼翼梢弦长与中心(翼根)弦长之比称为机翼的梯形比,又称梢根比,用 λ 表示。由于某些参考书上可能还有根梢比(与梢根比互为倒数)一说,所以设计时一定要先搞清楚这个参数的定义。

机翼安装到机身上后,从机头向后看,翼面基准(如翼弦平面)与垂直于飞机对称平面的平面之间的夹角,称为机翼的上反角 Γ(见图 3-11)。通常规定上反为正,下反为负。机翼上反角通常不超过 10°。

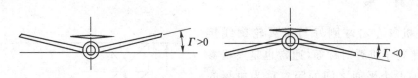

图 3-11 机翼上反角

3.4 旋翼飞行器飞行原理

旋翼通过旋转机翼产生升力。旋翼的剖面与飞机机翼的翼型类似,产生升力的原理也与机翼相同。旋翼旋转过程中的阻力主要由发动机的功率来克服。一般来说,旋翼飞行器主要有直升机和旋翼机两种。

3.4.1 直升机飞行原理

与固定翼飞机相比,直升机在外形和飞行原理方面都有所不同。直升机主要靠旋翼旋转来产生升力和向前后左右各个方向运动的驱动力。直升机旋翼叶片平面形状细长,相当于一个大展弦比的梯形机翼,当它以一定迎角和速度相对于空气运动时,就产生了气动力。叶片的数量随着直升机的起飞重量而有所不同。

1. 旋翼工作原理

直升机旋翼绕旋翼转轴旋转时,每个叶片的工作类同于一个机翼。旋翼的截面形状是一个翼型,如图 3 - 12 所示。翼型弦线与垂直于桨毂旋转轴平面(称为桨毂旋转平面)之间的夹角称为桨叶的安装角,以 φ 表示,有时简称安装角或桨距。各片桨叶的桨距的平均值称为旋翼的总距。驾驶员通过直升机的操纵系统可以改变旋翼的总距和各片桨叶的桨距,根据不同的飞行状态,总距的变化范围为 $2°\sim14°$。

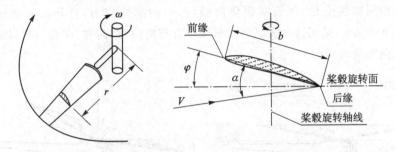

图 3 - 12　旋　翼

气流 V 与翼弦之间的夹角即为该剖面的迎角 α。显然,沿半径方向每段叶片上产生的空气动力在桨轴方向上的分量将提供悬停时需要的升力。

旋翼旋转时将产生一个反作用力矩,使直升机机身向旋翼旋转的反方向旋转。为了克服飞行力矩,产生了多种不同的布局型式,如单旋翼带尾桨、共轴双旋翼、横列双旋翼、纵列双旋翼等。单旋翼带尾桨的布局型式是直升机使用最多的布局,世界上现有直升机中 90% 以上是单旋翼带尾桨式。

2. 直升机操纵

直升机的飞行控制是通过直升机旋翼的倾斜实现的。直升机的操纵分为总距操纵、变距操纵和航向操纵。总距操纵控制直升机的升降,变距操纵可实现直升机的前后左右运动,通过航向操纵可以改变直升机的飞行方向。

直升机体放在地面时,旋翼受其本身重力作用而下垂。发动机开车后,旋翼开始旋转,桨叶向上抬,直观地看,形成一个倒立的锥体,称为旋翼锥体,同时在桨叶上产生向上的升力。旋转旋翼桨叶所产生的拉力和需要克服阻力产生的阻力力矩的大小,不仅取决于旋翼的转速,而且取决于桨叶的桨距。从原理上讲,调节转速和桨距都可以调节拉力的大小。但是,旋翼转速取决于发动机主轴转速;而发动机转速有一个最有利的值,在这个转速附近工作时,发动机效率高,寿命长。因此,拉力的改变主要靠调节桨叶桨距来实现。但是,桨距变化将引起阻力力矩变化,所以,在调节桨距的同时还要调节发动机油门,保持发动机尽量靠近最有利转速工作。

操纵旋翼的总桨距,使各片桨叶的安装角(桨距)同时增大或减小以改变旋翼升力大小的操纵叫作总距操纵。随着桨距的增加,升力逐渐增大。如图 3 - 13(a)所示,若升力超过重力,则直升机上升;若升力与重力平衡,则悬停于空中;若升力小于重力,则向下降落,即控制直升机的垂直运动。

变距操纵也叫周期性操纵,它通过自动倾斜器来使桨叶的安装角(桨距)周期性改变,从而使桨叶产生的升力周期性改变,导致旋翼锥体相对于直升机机体向着驾驶杆方向倾斜,升力也朝该方向倾斜,产生升力的水平分量导致直升机水平方向的运动。例如,欲向前飞,需将驾驶杆向前推,经过操纵系统,自动倾斜器使旋翼各桨叶的桨距做周期性变化,使旋翼锥体前倾,产生向前的拉力,直升机向前运动,如图 3 - 13(b)所示。采用这种操纵方式可实现直升机向后、向左、向右飞行,即控制直升机的纵向和横向运动。

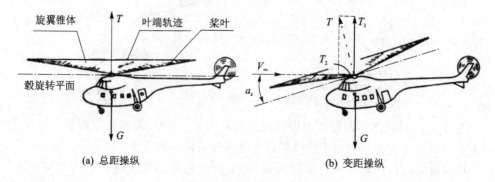

(a) 总距操纵　　　　　　　　　　(b) 变距操纵

图 3 - 13　直升机的操纵

航向操纵是用脚蹬操纵尾桨的总桨距,以控制直升机的方向。欲使直升机改变方向,则改变尾桨的桨距,使尾桨拉力变大或变小,从而改变平衡力矩的大小,实现机头指向的操纵。

3.4.2　旋翼机飞行原理

从外形看,旋翼机和直升机几乎一模一样。旋翼机上方安装有大直径的旋翼,在飞行中靠旋翼的旋转产生升力。

旋翼机实际上是一种介于直升机和飞机之间的飞行器,它除去旋翼外,还带有推进螺旋桨以提供前进的动力。旋翼机的旋翼不与发动机相连,在旋翼机飞行的过程中,由前方气流吹动旋翼旋转产生升力,是被动旋转或称为自旋。在飞行中,旋翼机同直升机最明显的区别为:直升机的旋翼面向前倾斜,而旋翼机的旋翼向后倾斜。

由于旋翼机的旋翼为自转式,传递到机身上的扭矩很小,因此旋翼机无需单旋翼直升机那样的尾桨,但是一般装有尾翼,以控制飞行。

旋翼机的飞行原理和构造特点决定了它的速度慢、升限低、机动性能较差,但它也有着安全性较好、振动和噪声小、抗风能力较强等优点。

　　由于旋翼机的旋翼旋转的动力是由飞行器前进获得的,所以如果发动机在空中停车,旋翼机仍会靠惯性继续维持前飞,并逐渐减小速度和高度,高度下降的同时,自下而上的相对气流可以维持旋翼的自转,从而提供升力。这样,旋翼机便可凭飞行员的操纵安全地滑翔降落。即使在飞行员不能操纵,旋翼机失去控制的特殊情况下,也可以较慢速度降落,因而是比较安全的。

　　由于旋翼机的旋翼是没有动力的,因此它没有由于动力驱动旋翼系统带来的较大的振动和噪声,也就不会因这种振动和噪声而使旋翼、机体等的使用寿命缩短或增加乘员的疲劳。旋翼机动力驱动螺旋桨对结构和乘员所造成的影响显然比直升机动力驱动旋翼要小得多。另外,旋翼机还有一个很可贵的特点,就是它的着陆滑跑距离大大短于起飞滑跑距离,甚至可以不需滑跑,就地着陆。

　　旋翼机的抗风能力较强,而且在起飞时,风有利于旋翼的启动和加速旋转,可以缩短起飞滑跑的距离,当达到足够大的风速时,一般的旋翼机也可以垂直起飞。虽然旋翼机投入实际应用的还不多,但国内外已有许多航空爱好者制造并成功地试飞了旋翼机。

第4章 样机的飞行性能、稳定性和操纵性

4.1 样机的气动力特性和飞行性能

样机的飞行性能与样机的重量、发动机拉力(功率)与油(电)耗特性、气动力特性等相关。

4.1.1 气动力特性

样机的气动力特性主要包括升力和阻力,它们也是飞行性能分析的原始数据。

1. 升 力

升力用式(3-9)计算。要计算升力的大小最关键的是要知道升力系数的大小。对于使用对称翼型的机翼,升力系数为

$$C_L = C_L^\alpha \alpha \tag{4-1}$$

式中:C_L^α 为升力线斜率;α 为迎角。

对于使用非对称翼型的机翼,升力系数用下式计算,即

$$C_L = C_L^\alpha (\alpha - \alpha_0) \tag{4-2}$$

式中:α_0 为零升迎角。

飞机的升力主要由机翼提供,机身和尾翼也会对升力产生稍许影响,但这些影响比较小,可以用机翼的升力作为飞机的升力,因而飞机的升力线斜率由下式估算,即

$$C_L^\alpha = C_{L,w}^\alpha = \frac{2\pi AR}{2 + \sqrt{\frac{AR^2}{\eta^2}(\beta^2 + \tan^2\Lambda_{0.5}) + 4}} \tag{4-3}$$

式中:AR 为机翼展弦比;$\Lambda_{0.5}$ 为机翼 1/2 弦线后掠角;$\beta^2 = 1 - Ma^2$(Ma 为马赫数,定义为飞行速度与所在飞行高度上声速的比值);η 为翼型效率系数,建议 $\eta = 0.9 \sim 0.95$。

对于直边的平直或中等后掠机翼,其最大升力系数可由下式计算,即

$$C_{L\,\max} = 0.9C_{l\,\max}\cos \Lambda_{0.25} \tag{4-4}$$

式中:$C_{l\,\max}$ 为翼型最大升力系数;$\Lambda_{0.25}$ 为机翼 1/4 弦线后掠角。

2. 阻　力

样机的阻力由式(3-10)计算,阻力系数用式(3-11)计算。

式(3-11)中的零升阻力主要由样机的表面摩擦阻力和气流分离引起的压差阻力组成。除机翼产生升力时会产生零升阻力外,样机的其他部件也会产生零升阻力,所以可把样机的零升阻力系数看成样机各部件零升阻力系数之和,由下式估算:

$$C_{D0} = \frac{1.1}{S}(C_{w}\eta_{w}S_{w\,wet} + C_{f}\eta_{f}S_{f\,wet} + C_{ht}\eta_{ht}S_{ht\,wet} + C_{vt}\eta_{vt}S_{vt\,wet}) + \Delta C_{D0\,canopy}$$

$$\tag{4-5}$$

式中:$S_{w\,wet}$、$S_{f\,wet}$、$S_{ht\,wet}$ 和 $S_{vt\,wet}$ 分别是机翼、机身、平尾和垂尾的浸湿面积,所谓浸湿面积就是这些部件与空气接触的表面积,对翼面的浸湿面积可近似取为外露翼面投影面积的 2.2 倍;S 为机翼面积(基本机翼面积或机翼参考面积);C_{w}、C_{f}、C_{ht} 和 C_{vt} 分别是机翼、机身、平尾和垂尾的摩擦因子,主要与气流流过这些部件时的边界层状态有关,由于雷诺数决定了边界层的状态,所以摩擦因子可由下式计算:

$$C = \frac{0.455}{(\log Re)^{2.58}} \tag{4-6}$$

式中:雷诺数 Re 根据式(3-7),以及各部件的特征长度进行计算,对于特征长度,机身用机身长度,翼面部件用弦长。

式(4-5)中的 η_{w}、η_{f}、η_{ht} 和 η_{vt} 分别为机翼、机身、平尾和垂尾的厚度因子,翼面部件的厚度因子由下式计算:

$$\eta = \left(1 + \frac{0.6}{\bar{x}_{t\,\max}}\bar{t} + 100\bar{t}^{4}\right)[1.34Ma^{1.8}(\cos \Lambda_{\max})^{0.28}] \tag{4-7}$$

式中:$\bar{x}_{t\,\max}$ 为翼型最大厚度线位置;$\bar{t}$ 为翼型相对厚度;$\Lambda_{\max}$ 为翼面最大厚度线后掠角。

机身的厚度因子由下式计算:

$$\eta_{f} = 1 + \frac{60}{(l_{f}/d_{f})^{3}} + 0.0025\left(\frac{l_{f}}{d_{f}}\right) \tag{4-8}$$

式中:l_{f} 为机身长度;d_{f} 为机身当量(等效)直径。

若样机没有座舱,则式(4-5)中的 $\Delta C_{D0\,canopy} = 0$;若样机设计有座舱,则座舱阻力由下式估算:

$$\Delta C_{D0\,canopy} = C_{canopy}\eta_{canopy}\frac{S_{canopy\,wet}}{S} \tag{4-9}$$

式中：C_{canopy} 为座舱摩擦因子；η_{canopy} 为座舱厚度因子；$S_{canopy\ wet}$ 为座舱的浸湿面积。

至此，样机的零升阻力就估算出来了。样机的诱导（升致）阻力主要是由机翼产生升力时产生的，可以用机翼的诱导阻力作为样机的诱导阻力。因此，样机的诱导阻力因子可表示为

$$A = \frac{1}{\pi e \text{AR}} \qquad (4-10)$$

式中：AR 是机翼展弦比；e 为 Oswald 系数因子。对于直机翼，e 由下式计算：

$$e = 1.78(1 - 0.045\text{AR}^{0.68}) - 0.64 \qquad (4-11)$$

对于后掠机翼，e 由下式计算：

$$e = 4.61(1 - 0.045\text{AR}^{0.68})(\cos \Lambda_0)^{0.15} - 3.1 \qquad (4-12)$$

式中：Λ_0 为机翼的前缘后掠角。

在计算样机的起飞着陆性能时，还应考虑起落架、襟翼等造成的阻力增量，也要计算样机飞行时的配平阻力，一般在计算得到的阻力系数中增加 $5\%\sim8\%$ 的增量来处理。

4.1.2　飞行性能

样机的飞行性能计算主要依据飞行中力的平衡方程。直线平飞时，样机的拉力（推力）与阻力相等，升力与样机重量平衡。其他飞行状态也存在类似平衡方程。

1. 平飞需用推力

样机平飞需用推力 T 实际上就是飞行中阻力的大小，由下式计算：

$$T = D = \frac{1}{2}\rho v^2 S(C_{D0} + AC_L^2) \qquad (4-13)$$

由式（4-13）可以看出，平飞需用推力与飞行高度和速度有关。计算时，如给定了高度和速度，则根据样机飞行时的重量由升力公式先计算出平飞时的升力系数，再由上式计算平飞需用推力的大小。

若计算样机的平飞需用功率 P_x，则由下式计算：

$$P_x = \frac{W v_h}{972K} \qquad (4-14)$$

式中：P_x 是平飞需用功率（W）；W 为样机重量；K 为平飞时的升阻比；v_h 为所在飞行高度上对应于 0 高度飞行时的速度（m/s），表示为

$$v_h = 0.4\sqrt{\frac{W\rho_0}{SC_L\rho_h}} \qquad (4-15)$$

其中，ρ_0、ρ_h 分别为 0 高度和平飞高度上的空气密度。

2. 最大平飞速度

在一定飞行高度上的最大平飞速度主要取决于动力装置的最大可用推力或功率。一般来讲,样机的平飞阻力与动力装置的最大可用推力或功率都是平飞速度的函数,所以最大平飞速度的计算程序为:给定高度 h 和初速 v_0,按式(4-13)或式(4-14)计算样机的平飞需用推力或功率,同时计算相同速度下的发动机最大可用推力或功率,按照一定的步长 Δv 增加速度,分别计算上述推力或功率,当样机的平飞需用推力或功率与动力装置最大可用推力或功率相等时对应的速度值为给定高度上的最大平飞速度。

3. 最小平飞速度

给定高度上样机的最小平飞速度为能稳定平飞的飞行速度,一般应大于样机的失速速度。根据力的平衡方程,由升力计算公式可得最小平飞速度,即

$$v_{min} = 1.1 \sqrt{\frac{2W}{SC_L}} \tag{4-16}$$

4. 升 限

升限实际上就是样机的飞行高度,同样用力的平衡方程求得。先由下式求出大气压力值,然后查国际标准大气表得到对应的高度,即升限。

$$P_h = \frac{W}{0.7Ma^2SC_L} \tag{4-17}$$

5. 爬升率

爬升性能与样机的剩余推力(功率)和爬升方式有关,样机等速爬升的爬升速度由下式计算:

$$v_y = \frac{T-D}{W}v \tag{4-18}$$

式中:v_y 是爬升速度(即爬升率,m/s);T 为动力装置最大可用推力。

飞行性能指标还有许多,如机动性能、续航性能、起飞着陆性能等,需要时可参考有关飞行性能方面的书籍。

这里要强调一点,样机飞行性能计算公式不是一个简单的静态公式,由于计算公式中的许多参数与飞行速度、高度、发动机油门大小等有关,所以利用这些公式时往往不能直接代数进行计算,而是要采用动态逼近方法才能得到所需的结果。

4.2　样机的稳定性

一架样机,除了能产生足够的升力平衡重力、有足够的推力克服阻力以及具有良好的飞行性能之外,还必须具有良好的稳定性和操纵性,才能在空中飞行。如果样机的平衡特性、稳定特性和操纵特性不好,也就是说,在飞行中,样机不按操作员的指令飞行,或者稍受外界偶然的扰动,样机的平衡即遭破坏而又不能自动恢复,造成样机的坠毁,就会使实验达不到预期的目的。样机的稳定性特别重要,可以说是其研究成功与否的关键。

4.2.1　样机的坐标系

为了研究样机的稳定性和操纵性,描述飞机的空间位置、速度、加速度、力和力矩等向量,须采用相应的坐标系。常用的坐标系有:地面坐标系、机体坐标系、气流坐标系、航迹坐标系、半机体坐标系、稳定坐标系等。这些坐标系都是三维正交右手系。为研究问题方便,在讨论样机的操稳特性时,通常将样机机体坐标系作为参考坐标系,如图 4 - 1 所示。

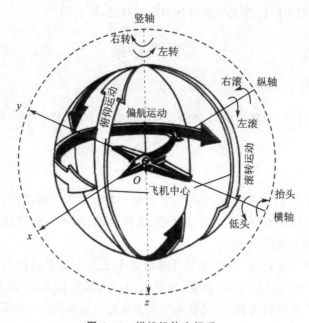

图 4 - 1　样机机体坐标系

机体坐标系($Oxyz$)是固定在样机上的坐标系,其原点 O 位于样机的质心,纵轴

x 位于飞机参考面(对称面)内指向前方且平行于机身轴线(或翼根弦线),横轴 y 垂直于飞机参考面指向右方,竖轴(立轴)z 在飞机参考面内垂直于纵轴指向下方。

样机绕机体横轴 Oy 的转动(称为俯仰运动)以及沿纵轴 Ox 和竖轴 Oz 的移动,是发生在飞机对称面内的运动,通常称为纵向运动;而飞机绕机体纵轴 Ox 的转动(称为滚转运动)和沿横轴 Oy 的移动,是发生在飞机横截面内的运动,称为横向运动;飞机绕竖轴 Oz 的转动(称为偏航运动)称为方向运动或航向运动。

4.2.2 样机的平衡

样机在飞行时,所有作用于样机的外力与外力矩之和都等于零的状态称为样机的平衡状态。等速直线运动是飞机的一种平衡状态。

按照机体坐标轴系,可以将样机的平衡分为三个方向的平衡:纵向平衡、横向平衡和方向平衡。样机在纵向平面内做等速直线飞行,并且不绕横轴转动(俯仰)的运动状态,称为纵向平衡;飞机做等速直线飞行,并且不绕纵轴转动(滚转)的飞行状态,称为横向平衡;飞机做等速直线飞行,并且不绕立轴转动(偏航)的飞行状态,称为方向平衡。平衡状态下,样机的升力和重力相等,推力和阻力相等,外力矩为零。

样机在飞行中,其平衡状态不是一成不变的,经常会因为各种因素(如燃油消耗等)的影响而遭到破坏,从而使飞机的平衡状态发生变化。此时,遥控操作员可以通过偏转相应的操纵面来保持飞机的平衡,称为配平。

4.2.3 样机飞行中的稳定性

样机在飞行过程中常常会碰到一些偶然的、瞬时作用的因素,例如突风的扰动或非故意触动一下遥控器上的操纵杆等,会使飞机的平衡状态遭到破坏。在这种情况下,样机运动参数的变化一般比较剧烈,操作员很难对其控制,会影响样机试飞的成功,因此必须对样机提出稳定性的要求。所谓稳定性,是指样机在飞行中会不断受到各种外来因素(如突风或不稳定气流)的干扰,破坏了样机原来的平衡状态,如干扰消除后,样机本身有能力使它恢复到原来的平衡状态,这种能力或特性就叫作样机的稳定性,也称安定性。

为了更好地说明样机飞行稳定性的概念和分析具备稳定性的条件,首先来研究圆球的稳定问题。如图 4-2 所示的 3 种情况,设圆球原来处于平衡状态。现在给它一个瞬时小扰动,例如推它一下,使其偏离平衡状态,然后讨论在扰动去除后,圆球是否能回到原来的平衡状态。

在图 4-2 中左边的圆球,在扰动取消后,其在弧形槽中经过若干次来回摆动,最后自动恢复到原来的平衡位置,这种情况称为稳定;在图 4-2 中间的圆球,在扰动

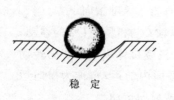 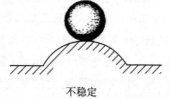 

稳 定　　　　　　　　　　不稳定　　　　　　　　　　中立稳定

图 4 - 2　圆球的三种稳定状态

取消后,其沿弧形坡道滚下,离原来的平衡位置越来越远,不能自动恢复到原来的平衡位置,这种情况称为不稳定;在图 4 - 2 中右边的圆球,在扰动取消后,就停在扰动消失时的位置,既不继续偏离原来的平衡位置,也不自动恢复到原来的平衡位置,这种情况称为中立稳定或随遇稳定。

现在进行具体分析。图 4 - 2 中左边的圆球偏离平衡位置后,其重力在平行于弧形曲线切线的方向上的分力,对圆球与弧形曲线的接触点(支撑点)形成一个力矩,该力矩使圆球具有自动恢复到其原来平衡状态的趋势。对于飞机来说,这种力矩称为稳定力矩或恢复力矩。同时,圆球在弧形曲线上运动的阻力也对其支撑点形成一个力矩,但其方向和圆球运动方向相反,起到阻止摆动的作用,称为阻转力矩或阻尼力矩,在此力矩作用下,圆球的摆幅越来越小,最后停止在原来的平衡位置上,按照稳定性的定义,这就是稳定的。图 4 - 2 中中间的圆球偏离平衡位置后,其重力在平行于弧形曲线切线的方向上的分力,对圆球与弧形曲线的支撑点形成一个力矩,该力矩使圆球继续偏离原来的平衡状态,是不稳定力矩。因此,圆球不能自动回到原来的平衡位置上,因而根据稳定性定义其是不稳定的。图 4 - 2 中右边的圆球偏离平衡位置后,其重力与平面的支持力在同一条直线上,对支撑点不形成任何力矩,圆球既不继续加大偏离原来的平衡状态,也不会自动回到原来的平衡状态,因此称之为中立稳定。

由此可知,欲使处于平衡状态的物体具有稳定性,其必要条件是物体在受到扰动后能够产生稳定力矩,使物体具有自动恢复到原来平衡状态的趋势;另外,在恢复过程中同时产生阻尼力矩,保证物体最终恢复到原来的平衡状态。

对样机来说,其稳定与否,与上述圆球的情况在实质上是类似的。如果在飞行中,样机由于外界瞬时微小扰动而偏离了平衡状态,则此时若样机能够产生稳定力矩,使其具有自动恢复到原来平衡状态的趋势,同时在摆动过程中,又能产生阻尼力矩,那么它就能像图 4 - 2 中左边的圆球一样,无须操作员的干预就能自动恢复到原来的平衡状态,因而是稳定的,或者说样机具有稳定性;反之,若样机偏离平衡状态后产生的是不稳定力矩,那么它就会像图 4 - 2 中中间的圆球一样越来越偏离原来的平衡位置,因而是不稳定的,也就是样机没有稳定性。显然,为了保证样机的试飞成功和便于操纵,样机应具有良好的稳定性。

通常将稳定性分成静稳定性和动稳定性。如果样机在外界瞬时扰动的作用下偏离平衡状态,在最初瞬间产生的是恢复力矩,使样机具有自动恢复到原来平衡状态的趋势,则称样机具有静稳定性;反之,若产生的是不稳定力矩,样机便没有自动恢复到平衡状态的趋势,故称为没有静稳定性。静稳定性只表明样机在外界扰动作用后的最初瞬间有无自动恢复到原来平衡状态的趋势,并不能说明样机能否最终恢复到原来的平衡状态。研究样机在外界瞬时扰动作用下,整个扰动运动过程的问题,称为样机的动稳定性。

样机的静稳定性和动稳定性之间有着非常密切的关系。一般来说,只要恰当地选择静稳定性的大小,就能保证获得良好的动稳定特性。所以,重点还是在设计时就要保证样机具有静稳定性。

根据机体坐标系,样机的静稳定性可分为纵向静稳定性、方向静稳定性和横向静稳定性。

1. 样机的纵向静稳定性

在飞行中,当样机受到微小扰动而偏离其纵向平衡状态,并在扰动去除瞬间,样机不经遥控操作员操纵就具有自动恢复到原来平衡状态的趋势时,称样机具有纵向静稳定性。样机的纵向静稳定性对于样机的试飞成功是非常重要的。

样机是否有静稳定性,主要取决于样机本身的特性,取决于样机平衡状态破坏后,样机上产生的起稳定作用的力矩与起不稳定作用的力矩相互作用的结果。如果前者大于后者,则样机是静稳定的;反之,便是静不稳定的。

在样机飞行中,当迎角改变时,机翼升力亦改变,升力增量的作用点即为机翼的焦点,通常位于离翼型前缘 22%～25% 弦长的地方。同样,当迎角改变时,机身、尾翼也引起升力增量。样机各个部件升力增量的合力的作用点称为样机的焦点,换句话说,样机焦点就是迎角变化而引起的整个样机升力增量的作用点。

样机重心和样机焦点之间的相互位置决定了样机是否具有纵向静稳定性。若样机重心位于其焦点之前,如图 4-3(a)所示,则在样机受到外界扰动后,例如迎角增加了 $\Delta\alpha$,那么在样机的焦点上,就会产生一个向上的升力增量 ΔL,它对样机重心形成使机头下俯的静稳定力矩 ΔM_{y1},使样机具有逐渐消除 $\Delta\alpha$ 而自动恢复到原来平衡迎角的趋势,即样机是静稳定的;反之,若样机重心位于其焦点之后,如图 4-3(b)所示,则升力增量对重心所形成的是不稳定的上仰力矩 ΔM_{y2},使样机迎角越来越大而没有自动恢复到原来平衡迎角的趋势,因此样机是静不稳定的。由此可以得出一个重要结论:样机的重心若位于样机焦点之前,则样机具有纵向静稳定性;否则,样机便不具备纵向静稳定性。

一般来说,样机的焦点是固定不变的,而样机的重心位置却因燃料的消耗、装载的改变以及有效载荷(任务载荷)投放等而发生移动。如果样机重心原来位于样机

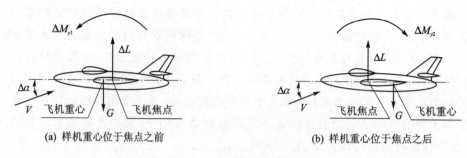

(a) 样机重心位于焦点之前   (b) 样机重心位于焦点之后

图 4 - 3 样机的纵向稳定性

焦点之前,则样机是静稳定的。但由于上述原因,样机重心逐渐向后移动,静稳定性逐渐降低。当重心后移到样机焦点之后时,就产生了质的变化,原来静稳定的样机转化为失去静稳定性的样机。这也是为什么对样机重心变化范围要有严格限制的原因。

焦点的位置取决于机翼形状、机身长度,特别是机翼和尾翼的位置与尺寸。在进行常规样机设计时,首先要合理地安排样机重心的位置,并恰当地选择水平尾翼的位置和面积等参数,以确保样机的纵向静稳定性。

2. 样机的方向静稳定性

在飞行中,样机受微小扰动而使航向平衡状态遭到破坏,并在扰动消失瞬间,样机能不经遥控操作员操纵就有自动恢复到原来航向平衡状态的趋势,称样机具有方向(航向)静稳定性。

样机的方向静稳定性主要由垂直尾翼来保证。

如图 4 - 4 所示,样机原来处于方向平衡状态,由于外界扰动而使样机偏离了原来的航向,机头向右偏转会产生左侧滑,而机头向左偏转则会产生右侧滑。飞行速度与样机参考面之间的夹角称为侧滑角,用 β 表示。当飞行速度沿横轴的分量为正时,侧滑角为正(图 4 - 4 中的侧滑角为负)。在有侧滑的情况下,在垂直尾翼上便产生了侧向力 ΔY,该力对样机重心形成消除侧滑角 β 的方向静稳定力矩 ΔM_z,使样机有自动恢复到原来 $\beta=0$(无侧滑)方向平衡状态的趋势。由于方向静稳定性的性质犹如风标之对风,所以也称为风标静稳定性。

3. 样机的横向静稳定性

在飞行中,样机受微小扰动而使横向平衡状态遭到破坏,并在扰动消失瞬间,样机不经遥控操作员操纵就具有自动恢复到原来横向平衡状态的趋势,称样机具有横向静稳定性;反之,就没有横向静稳定性。

保证样机横向静稳定性的主要因素是机翼的上反角、后掠角和垂直尾翼。

机翼上反角 Γ 的作用:当样机由于扰动向右倾斜而引起右侧滑时,由于机翼上

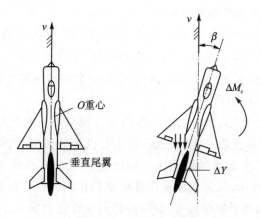

图 4 - 4　样机的方向稳定性

反角的作用,相对气流同右机翼之间所成的迎角 α_1 要大于左机翼迎角 α_2,如图 4 - 5 所示。这样,右机翼的升力 L_1 也就大于左机翼的升力 L_2,所以能产生使样机向左滚转的恢复力矩 ΔM_x,从而起到横向静稳定的作用。

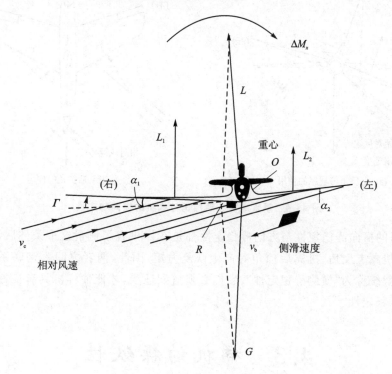

图 4 - 5　上反角与样机的横向稳定性

　　处于等速直线飞行状态的样机,当其受到微小扰动而向右(向左亦然)倾斜时,总升力也随之倾斜,从而与重力 G 构成向右的侧力 R,样机便沿着 R 所指的方向向右产生侧滑，形成正的侧滑角 β，如图 4 - 6(a)所示。

　　垂直尾翼的作用：当样机(不论何种原因)出现侧滑角 β 时，在垂直尾翼上就会产生侧力 ΔY，它不但能为航向提供恢复力矩，而且由于垂直尾翼一般都装在机身的上面，所以还有滚转力矩 ΔM_x。不难看出，它也是一个横向恢复力矩，因此也具有横向稳定的作用，如图 4 - 6(a)所示。

　　机翼后掠角 Λ 的作用：当样机由于扰动向右倾斜而引起右侧滑时，气流对右机翼的有效分速 v_1(即垂直焦点线的分速)就比左机翼分速 v_3 大得多。显然，右机翼的升力 L_1 也就大于左机翼的升力 L_2，所以能产生使样机向左滚转的恢复力矩 ΔM_x，如图 4 - 6(b)所示，从而起到横向静稳定的作用。后掠角越大，其所起的横向静稳定作用越强。如果后掠角很大(如一些超声速大后掠翼战斗机)，就可能导致过分的横向静稳定性。过分的横向静稳定性会影响样机的动稳定性和滚转机动性，所以通常采用下反角予以缓解。

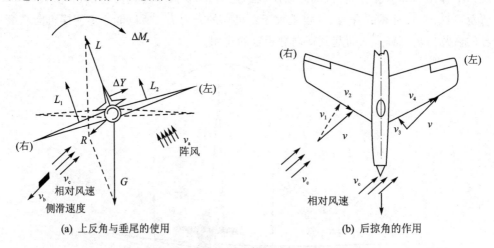

(a) 上反角与垂尾的使用　　　　　　　(b) 后掠角的作用

图 4 - 6　垂直尾翼和后掠角与样机的横向稳定性

　　样机的横向静稳定性与方向静稳定性都是在样机有了侧滑这个条件后，通过垂直尾翼、机翼上反角、机翼后掠角等产生恢复力矩，因此，两者之间紧密联系并互相影响，一般统称为"横侧静稳定性"，它们必须搭配适当，才能使样机具有良好的横向和方向动稳定性。

4.3　样机的操纵性

　　样机不仅应有自动保持其原有平衡状态的稳定性，而且还要具有良好的操纵性。所谓操纵性，是指样机对无线电遥控操作员操纵做出反应、改变其飞行状态的特性,也就是样机按照遥控器操作员的意图做各种动作的能力。操纵性的好坏与样机稳定性的大小有密切关系,稳定性太大,也就是说,样机保持原有平衡状态的能力越强,要改变它也就越不容易,操纵起来也就越费劲。若稳定性过小,则操纵力也很小,遥控器操作员很难掌握操纵的分量,这也是不理想的。所以要正确处理稳定性与操纵性之间的关系。

样机在空中飞行时的操纵是通过三个主航面(操纵面),即升降舵、方向舵和副翼来实现的。遥控器操作员通过操纵杆发出信号,样机上的接收机收到信号后控制相应的舵机偏转这三个主操纵面,使样机绕其纵轴、横轴和竖轴转动,从而改变样机的飞行姿态。如果遥控器操作员操纵舵面偏转,样机能很快做出反应,按遥控器操作员的意图改变飞行姿态,那么,这架样机就具有良好的操纵性;如果反应迟钝,那就是操纵性不好。

各个操纵面控制的原理都是一样的,即通过操纵面的偏转来改变升力面上的空气动力,增加或减少的空气动力相对于样机重心产生一个使样机按需要改变飞行姿态的附加力矩。

同稳定性一样,样机的操纵性同样可分为纵向操纵性、方向操纵性和横向操纵性。

1. 样机的纵向操纵性

当遥控器操作员操纵偏转升降舵之后,样机绕横轴转动而改变其迎角、速度等飞行状态的特性时,称为样机的纵向操纵性。

样机的纵向操纵依靠位于机身尾部的装在水平安定面后缘的升降舵来进行,样机上的升降舵控制舵机与升降舵相连。在样机稳定飞行的情况下,当遥控器操作员想让样机抬头爬升时,可以用手向后拉操纵杆使升降舵向上偏转,从而改变水平尾翼的弯度,使之产生一个向下的附加力,该力相对样机重心产生一个使样机抬头的力矩;在该力矩作用下样机绕横轴 Oy 转动并抬头,迎角增大,导致样机的升力系数 C_L 加大,升力随之增加并大于样机重力,样机开始爬升;反之,如果遥控器操作员想让样机低头下降,则可以用手向前推操纵杆使升降舵向下偏转,使水平尾翼产生一个向上的附加力,该力相对样机重心产生一个使样机低头的力矩,在该力矩作用下样机绕横轴 Oy 转动并低头,迎角减小导致样机的升力系数 C_L 减小,升力随之减小并小于样机的重力,样机开始下降。

在样机飞行中,升降舵有时总要有一定的偏角(其他舵面也一样,有时可能会有很大的偏角),因而遥控器操作员始终要保持一定的杆位移。

2. 样机的方向操纵性

当遥控器操作员操纵方向舵之后,样机绕竖轴转动而改变其侧滑角等飞行状态的特性时,称为样机的方向操纵性。

样机的方向操纵依靠位于机身尾部的装在垂直安定面后缘的方向舵来实现。设样机原来处于方向平衡状态做无侧滑直线飞行,遥控器操作员控制方向舵向右偏转,在垂直尾翼上产生向左的侧向力,该力对样机重心形成使机头向右转的航向操纵力矩,使样机产生向左的侧滑角 β。同理,遥控器操作员控制方向舵向左偏转,样机产生向右的侧滑。

3. 样机的横向操纵性

当遥控器操作员操纵偏转副翼之后,样机绕纵轴滚转或改变其滚转角速度和倾斜角等飞行状态的特性,称为样机的横向操纵性。

样机的横向操纵主要通过副翼来实现。遥控器操作员向左压杆,则左副翼向上偏转,左翼升力减小;而右副翼向下偏转,右翼升力增加,右翼升力大于左翼升力。左、右两边机翼升力之差对样机纵轴形成的滚转力矩,使样机向左滚转。同理,若遥控器操作员向右压,则右副翼上偏,左副翼下偏,样机便向右滚转。

遥控器操作员压杆行程越大,副翼偏角越大,样机的滚转角速度就越大。

样机的稳定性和操纵性应让遥控器操作员感到满意,即在稳定飞行时,遥控器操作员不必干预而样机靠自身能力能保持操作员所希望的稳定平衡状态;若要样机改变状态,则操作员通过遥控器,不用花费很大力气,就可以使样机达到所期望的飞行状态的变化。

第 5 章　飞行器创新设计

5.1　创新设计的基本思路

5.1.1　创新的基本概念

创新是以新思维、新发明和新描述为特征的一种概念化过程。从"创新"一词的原意上说，有三层含义：更新、创造新的东西、改变，今天的创新概念基本上延续了这三层含义。创新是人类特有的认识能力和实践能力，是人类主观能动性的高级表现形式，是推动民族进步和社会发展的不竭动力。一个国家或一个民族要走在时代前列，就一刻也不能停止创新。

简单地说，创新就是利用已存在的自然资源或社会要素创造新的矛盾共同体的人类行为，也可认为是对旧的一切所进行的替代、覆盖。

系统的创新概念起源于经济学，主要包括新产品、新工艺、新市场、新原料等。20 世纪 60 年代，新技术革命迅猛发展，技术创新占居创新的主导地位。不同学者对技术创新有不同的定义，有人认为技术创新是发明的选择、资本投入保证、组织建立、制定计划、招用工人和开辟市场等行为的综合结果；有人定义技术创新是始于对商业潜力的认识而终于将其完全转化为商业化产品的整个行为过程。

1. 马克思主义的创新概念

前面提到系统的创新概念起源于经济学，马克思主义经济学的根本在于劳动概念，创新是劳动的基本形式，是劳动实践的阶段性成果。创新是人类对于其实践范畴的扩展性发现、创造的结果。创新在人类历史上首先表现为个人行为，在近代实验科学发展起来后，创新在不同领域就不断成为一种集体性行为，但个人行为的独立实践对于前沿科学的发现及创新依然起引领作用。创新的社会化形成整体的社会生产力进步。

马克思主义的创新概念体现在以下方面：首先，人类创造自我的行为是以发现、创新的质变到重复、积累的量变。对自然及社会的发现是创新的前提条件。其次，在经济领域，创新是劳动的一个重要的阶段性成果，是生产力发展的阶段性标志。创新的价值在于以新的生产方式重新配置生产要素形成新的生产力，创造新形式的劳动成果或更大规模的生产。再次，创新行为的社会化与创新成果的社会化是相辅相成的。创新的社会化根本是创新劳动行为的社会化，创新成果的社会化就是创新劳动社会价值的实现。最后，社会创新是社会人对于社会关心的创新性发展。只有人类自我自觉的自我解放行为才可以实现真的社会创新，才可以形成整体的社会革命性创新。

2. 创新的哲学内涵

从哲学上说，创新是人的实践行为，是人类对发现的再创造，是对物质世界的矛盾再创造。人类通过物质世界的再创造，制造新的矛盾关系，形成新的物质形态。只有对于发现的否定性再创造才是人类产生及发展的基本点。

实践是创新的根本所在。

创新的哲学内涵有如下要点：① 任何有限的存在都是可以无限再创造，这就是物质的发展观点，也是创新的前提；② 矛盾是创新的核心，是物质的本质与形式的统一，矛盾创造的新事物就是创新；③ 创新是人类自我发展的基本路径，是对重复、简单的劳动方式的否定，是对人类实践范畴的超越；④ 创新是自我意识的发展，自我意识的发展必然推动自我行为的发展。

创新是无限的，是永无止境的。

3. 创新的基本做法

培养和造就具有创新意识和实践能力的高层次人才是飞行器设计专业教学的根本宗旨，创新也是推动飞行器设计专业教学改革和发展的永不枯竭的动力。

创新的基本做法一般遵循以下三个步骤：好奇（创新意识的萌芽），兴趣（创新思维的营养），质疑（创新行为的举措）。

好奇是创新人才的第一心理驱动力，是创新个性的首要素质。好奇或好奇心主要表现为探索、体验、探险和揭示未知的强烈愿望。创新始于好奇，强烈的好奇心会增强人们对外界信息的敏感性，对新出现的情况和新发现的变化及时做出反应，发现问题，并追根溯源，激发思考，引起探索欲望，开始创新活动。许多看似偶然的发现，其实都隐含着一种必然，只有产生了好奇心，才能诱发创新。

兴趣是积极探究某事物或进行某种活动的倾向，是学习的重要动力，是创新的催化剂。兴趣从来源可分为两种：一种是直接由人们对某事物的爱好油然而生的兴趣，另一种是由事业心引发的兴趣，这两种兴趣都能导致创新。一旦对研究某事物产生了兴趣，就会全身心投入，魂牵梦萦，甚至与研究对象难解难分，这种情况下思维活跃,灵感易至,一旦小成,兴趣更浓,如此良性循环,形成有利的创新氛围。如果对所研究的事物兴趣索然,最好也就是完成工作而已,创造力萎缩,基本上与创新无缘。这里还要强调一下,对事物或事业的兴趣达到迷恋的程度则有利于创新,但如果过于入迷,或痴迷、沉迷,则可能会走火入魔,困守一隅,浪掷光阴,变成与那些痴迷于发明永动机类似的人。

质疑就是提出疑问,请人解答或自己去寻找答案。质疑是批判性思维的一种体现,也是创新的前提。古人说过"前辈谓学贵为疑,小疑则小进,大疑则大进"。提出一个问题往往比解决一个问题更重要,不断发现问题、提出问题是一个人思维活跃、善于思考的表现。对于创新来讲,质疑就是要针对所谓权威理论或说法,怀疑它的正确性,并提出问题,如果别人不能回答,或是回答不能令人满意,自己就应去寻求答案,这个过程大多是创新行为过程,就可能得到创新性成果。

5.1.2　创新设计

创新设计是创新理念与设计实践结合的过程。具体来说,就是发挥创造性思维,将科学、技术、文化、艺术、社会、经济等融合在设计中,得到新颖性、创造性和实用性的新产品。创新设计的出发点主要有三类:一是从用户需求出发,以用户为上帝,满足用户需求;二是从挖掘产品功能出发,赋予现有产品新的功能和新的用途;三是从成本考虑出发,采用新材料、新工艺、新技术降低产品成本,提高其竞争力。当前,全球气候变暖成为人类共同的问题,所以基于环保、低碳的设计理念,共同保护人类生存的家园也是创新设计的主要出发点。

1. 创新设计的需要

人类社会对创新设计的需要,主要有以下几种情况:

新的需要:当社会出现一种新的需要时,将极大地推动创新力量的发展。例如,第二次世界大战中地面防空火力给飞机造成了很大的威胁,战后冷战时期,美国军方提出需要一种超越现有防空武器拦截能力的高空侦察机,随后出现了 U-2 飞机。该飞机不是对任何已有飞机的复制或模仿,而是调动当时的航空技术提供各种可能性,在气动布局、结构设计、动力装置、高空系统等领域选取合适的技术进行综合设计,诞生了当时飞得最高的飞机。这是需求牵引带来的创新。

新的可能:任何新的科技进步,都可能带来创新性的新产品。如复合材料、全球定位系统、电传操纵技术等在飞机上的应用,改进了飞机的性能、增加了使用效率、提高了飞机的质量。有时某种新技术是为一些需求而开发的,但却在另一些需求上获得应用,比如吸尘器最早是作为治疗哮喘病的一项医疗器材开发的,不锈钢也是为了寻找一种制造枪管的材料。这些说明技术进步虽有时不能达到原定目标,但获得的成果也依然可能对社会做出贡献。这是技术推动带来的创新。

本土化:由于世界各地不同的地理、气候、资源及人文条件,一些新产品需要适应当地条件来做出设计。例如,各地建筑风格的不同就是创新本土化的体现。我国的高速列车已经成为世界上最具竞争力的项目之一,走了一条中国特色的创新之路,首先是引进日本川崎重工时速 200 km 动车组,接着是建立自己的平台,将引进的动车组国产化,同时与德国西门子公司、法国阿尔斯等公司合作,以合资企业方式生产高速机车,在引进、消化、吸收的基础上打造自己的品牌。武广高铁的运营证实了中国自己品牌的优势,运营时速超过 390 km,创造了全球商用高铁时速的纪录。这是系统集成带来的创新。

新的品牌:品牌的作用就是在经济上带来收益,同样的产品贴上不同的品牌商标,其价格就大不一样了,在知识经济时代,品牌意味着巨大的经济效益。1968 年,空中客车公司成立时,已经有美国、苏联、英国和法国的喷气客机,但空中客车公司没有选择复制这些已有飞机中的任何一种,而是研制具有独立自主知识产权的 A300型全新型号来建立自己的品牌,经过 40 多年的发展,其已成为与美国波音公司分享国际干线客机市场的著名企业。当然,我国的大型客机也要创建自己的品牌,希望20 年后,空客以 A3X0,波音以 B7X7,中国商飞以 C9X9 三足鼎立于未来民用客机市场。

生活多样化的需要:产品标准化对生产效率有益,规模化可降低成本,但多样化也是现代生活的需要,也会带来创新。大家熟悉的鸟巢、水立方、上海世博会的中国红,实质就是体育场、游泳馆、展览馆,对此已有许多现存的东西,我们完全可以照搬,但这些独特的设计就是多样化需要所带来的创新的具体表现。还有服装,其功能是遮蔽和保暖,但今天的时装已经远超越这个功能,而是变成了美和时尚的表现,而且服装或时装品牌已经是现代经济的重要组成部分。

2. 创新设计的途径

我国运 10 大型客机的副总设计师程不时先生,把创新设计的途径归纳为以下五方面:

科技原理的新应用:科技原理在产品上的新运用,会带来前所未有的创新设计的出现。比如卫星电视的出现,就是利用了同步卫星技术,这是利用了科技的新发明。有时创新不一定使用新的发明,而是成熟科技原理的新应用,如现代粒子加速器使用的方法就是古代传说中以色列大卫国王使用的投石器原理,即把石头拴在皮带上,在旋转中一点点加入能量来使石头加速。不管用什么方法,如遇到有的困难从正面难以克服时,则应尝试迂回的方法,如发动机涡轮叶片的高温腐蚀问题,正面的解决办法是从耐高温材料的冶炼入手,迂回的办法是采用冷却技术,或改变叶片的构造等。

新的综合：美国阿波罗登月计划的总指挥说过：阿波罗计划中没有一项新发明的技术，都是现成的技术，关键在于综合。大家都知道，在研制三代战斗机时，从单项技术来讲，美国在很多方面都领先于苏联，但苏联很好地利用了综合设计技巧，设计出苏-27、米格-29 等可以与美国三代机相抗衡的先进战斗机。已有技术的有机组合可以得到总体上的创新。

改进已有的产品：电报、电话、电灯等都是美国著名发明家爱迪生在前人工作的基础上进行改进，使它们成为有用的产品的。这样的事例很多。对已有产品的改进和革新，是创新设计的一条有效通道。

仿生的启发：自然界中的许多现象常常能启迪人的创新设计思路。钢筋混凝土是一位法国园艺师观察到植物的根系盘根错节交叉成网，能使松软的泥土变得坚固的现象，然后先采用钢丝仿照植物根系织成交叉的结构，再用水泥浇注成花坛取得成功的，后来用这种方法主持修建了世界上第一座钢筋混凝土桥梁。从鸟类想到飞机、从蝙蝠想到雷达、从乌贼想到喷气推进等，都是人类从仿生中得到启发而成功的例子。

抓住偶然的发现：不少具有创新性的设计都是偶然发现的。一次法拉第将他发明的发电机接通蓄电池后，发电机意外地旋转起来，从而使他发明了电动机。勤于实践，才会增大遇到意外发现的概率；敏于观察，才会使自己不错过可能有启发的机遇。

5.1.3 飞行器创新设计的基本做法

飞行器是一个非常复杂的系统，涉及的学科较多。现代飞行器设计必须由团队才能完成。飞行器创新设计一般要考虑创新度的问题，也就是要重视设计的可行性，这是保证创新设计成功的关键。以飞机的发展为例，飞行器的创新设计主要有两种类型：沿用式和否定式。

1. 沿用式创新设计

从飞机发展的历史来看，沿用式创新是最主要的形式，也就是通常所说的渐改式设计。沿用式创新设计又可分为两种情况，一种是在一个基本型的基础上，进行改进设计，提升某方面的性能指标或作战能力，从而形成型号系列；另一种是以某型号为原型机，进行改型设计，大幅度提升飞机的性能指标和作战效能，使飞机性能达到质的变化，形成新的型号。

改进设计的例子很多，如我国的歼六、歼七系列战斗机。歼六是我国根据苏联米格-19 仿制和发展的双发单座超声速战斗机，主要用于国土防空和夺取前线局部制空权，20 世纪 50 年代开始研制，1986 年停产，共生产了数千架。通过改进设计，歼六形成了型号系列。在原型机基础上，为应对越战期间美军高空侦察机对我国西南边境的骚扰，我们采用改装大推力发动机、减轻重量等手段，提高飞机的作战升限,形成了歼六Ⅰ型飞机。但在实战中,歼六Ⅰ飞机效果不好,于是继续改进飞机进气系统,改善高速条件下的进气效率和减小阻力,同时加装了一门机炮,形成了歼六Ⅱ型飞机。为进一步提高飞机高空高速性能,我们通过减小机翼展弦比和增大机翼面积,形成了歼六Ⅲ型飞机,并在此基础上加长前机身,翼梢加挂空空导弹,换装新的弹射座椅,形成了歼六ⅢG型飞机。前述机型都只能白天作战,为此飞机加装了雷达,形成了歼六Ⅳ全天候战斗机。歼六飞机还有用于侦察的歼侦六和用于培训飞行员的双座型歼教六飞机。我国的歼七战斗机是在苏联米格-21基础上发展起来的,1966年首飞,2006年停产。在原型机基础上,进行了增加航炮,改进气锥、进气口,换更大推力发动机,加高座舱盖,以及扩大机翼油箱六项改动,形成了歼七Ⅰ型飞机。改进弹射系统、副油箱,将发动机原来的汽油启动改为煤油启动,形成了歼七Ⅱ型飞机。在此基础上换装PL-8导弹,形成了歼七ⅡH型。将歼七ⅡH机翼由三角翼改成双三角翼,形成歼七E,如“八一”飞行表演队用的飞机就是歼七EB。改革开放后,歼七飞机打开了国际市场,出口到多个国家,主要型号为歼七M、歼七G、歼七P和歼七PG等。歼七Ⅲ是全天候战斗机,与上述歼七系列的差异较大,基本上是参照米格-21MF样机进行大改设计。歼教七也是参照米格-21UC教练机样机研制的歼七系列飞机的教练机。歼七Ⅲ和歼教七也有各自的改进型。改进设计也是创新,歼六和歼七多个改进型号获得国家科技进步奖,如歼七M飞机在1986年获得国家科技进步一等奖。

改型设计的例子主要有法国达索公司的幻影战斗机。幻影Ⅲ是应法国政府在1952年提出的要求研制的,1956年首飞,采用无尾三角翼气动布局,在原型机基础上进行了很多改进设计,也形成了幻影Ⅲ系列飞机,是典型的第二代战斗机。幻影2000采用与幻影Ⅲ相同的气动布局型式,但使用了电传操纵、放宽静稳定度、复合材料等新技术,同时使用了高性能涡扇发动机、综合航电系统和先进机载武器,使幻影2000相对幻影Ⅲ来说,性能上产生了质的飞跃,具有了第三代战斗机的主要性能特征。以幻影2000为基础,放大设计得到的幻影4000,虽然作战能力大为增强,成为标准的重型制空战斗机,但在性能特征上仍属于三代战斗机的范畴。图5-1所示为幻影Ⅲ和幻影2000战斗机。

(a) 幻影Ⅲ　　　　　　　　　　　　　(b) 幻影2000

图5-1　幻影战斗机

沿用式创新设计既可使战斗机实现升级换代,也可使民用飞机性能大为提升。

如 2009 年首飞成功的波音 787 客机,从外形上看,其与别的民航客机没有特别大的区别,但通过创新设计使其在性能方面具备了 5E 特点,即效率(Efficiency)更高、经济性(Economics)更好、环境性能(Environmental Performance)改善、舒适性(Extraordinary Comfort and Convenience)大为提高、更为明显的 E(E-enabled)时代特征,这些就是梦幻者客机的具体表现。

2. 否定式创新设计

当改进原有设计不能满足新的要求时,就必须采取新的设计。如我国歼七、歼八飞机无论如何改进设计,也无法使其性能整体上达到三代机的水平,所以我国的三代机歼十基本上是一个全新的设计,也就是所谓的否定式创新设计。在战斗机发展历史上,最典型的否定式创新设计的例子应该是美国的 F-117 战斗机。

F-117A(见图 5-2)是美国研制的隐身战斗机。按照美国军用飞机的型号编号,以 F 命名的为战斗机,编号后面的字母 A 代表该型飞机的第一个作战型号,但实际上它不是一种战斗机,只能算是一种轰炸机或攻击机。F-117A 是冷战的产物,随着苏联集团国家防空系统的不断现代化和密集化,要突破其空防体系,一可采用低空避开雷达探测,二可采用高空高速突防,三可采用高空

图 5-2　F-117A 战斗机

隐身突防。美军论证后决定采取第三种形式,提出低可探测性为飞机的主要设计技术指标。为了实现飞机的高隐身性能,F-117A 采用了独特的多面体外形,将雷达波集中到水平面内的几个窄波束,使雷达不能得到足够的连续回波信号,难以确定是飞机目标。一般雷达操作员会认为是瞬变噪声,从而实现了其很高的雷达隐身性能。但这在气动性能方面却有较大损失。由于 F-117A 战斗机飞行性能不佳、载弹量小、维护要求严格、使用成本高、效费比低,随着 B-2A 隐身轰炸机和 F-22A 隐身战斗机的装备使用,加上美军面对的战争对手阿富汗、伊拉克等国家防空系统薄弱,无需隐身就可以突防,因而到 2008 年 4 月,美军全部的 F-117A 战斗机退役。

美国的四代机也是否定式创新设计的例子。创新设计使美国第四代战斗机 F-22A 具备了所谓的 4S 性能,即超机动性(Super Maneuverability)、超声速巡航(Supersonic Cruise)、隐身(Stealth)和高信息优势(Situational Awareness)或短距起降(Short Take-off and Landing)能力。与三代机相比,具备了以上性能的四代战斗机的制空作战能力大为提升。研制中的无人作战飞机所具有独特的高隐身气动外形、超机动、大载荷、长航时等性能特点,以及自主飞行、纵深打击等技术特征,符合否定式创新设计的特点。

5.2 飞行器创新设计实例

我校从 2001 年开设"微小型飞行器设计实验"课程,开展飞行器创新设计,每年有 10 多个课程作品,全部参加学校一年一度的"冯如杯"科技竞赛,连续 8 年荣获一等奖,半数课程作品受到"冯如杯"科技竞赛奖励。在此期间,课程作品连续 4 次获得"挑战杯"全国大学生课外科技作品竞赛一等奖。下面对有代表性的课程作品进行介绍。

1. 半圆形飞行器

整个飞行器没有机翼和尾翼,俯视图呈圆环形,发动机布置在内环的中心,通过螺旋桨旋转产生向上拉力,并使气流向下运动产生向上推力,从而使飞行器飞起来。这是一个很新的概念,需解决的问题有如何克服螺旋桨旋转扭矩和防止机身翻转,飞行器的飞行控制也是一个具有极高挑战性的问题。半圆形飞行器如图 5-3 所示。

2. 旋翼机

旋翼机是一种利用前飞时的相对气流吹动旋翼自转以产生升力的旋翼航空器,全称自转旋翼机。旋翼机和直升机在外形上有些相似,但它的旋翼不是由动力装置驱动,而是前进时在空气动力作用下像风车那样自行旋转,产生升力。旋翼机无须安装尾桨,旋翼机的前进动力由动力装置直接提供,它不能垂直上升,也不能悬停,必须像飞机一样滑跑加速才能起飞。旋翼机结构较简单,一般用于风景区游览或体育活动。旋翼机是多年来很多人制作的一个项目,但几乎都没有成功,在这次尝试中也没有取得完全成功。该旋翼机的飞行原理是螺旋桨牵引飞机前行,旋翼与空气的作用使其旋转,从而产生升力让飞行器升空,见图 5-4。

图 5-3 半圆形飞行器

图 5-4 旋翼机

3. 双涵道直升机

双涵道直升机是利用涵道来增加发动机效率的,需要解决的技术关键有如何防止机身倾覆、螺旋桨扭矩的消除以及双发动机的协调控制。并列式双涵道直升机如图 5-5 所示。

4. 连翼验证机

连翼验证机的特点是具有较高的气动效率和结构效率。本项目主要验证飞机的直接力控制,也就是通过前后机翼上的舵面偏转来直接改变飞机飞行姿态,见图 5-6。

图 5-5　并列式双涵道直升机　　　　图 5-6　直接力控制连翼验证机

5. 串联斜翼机

串联斜翼机是一个新概念验证机,目的是验证串翼和斜翼的综合气动效果,如图 5-7 所示。技术难点有机翼的转动控制和飞机的飞行控制。

6. 新概念直升机

该项目的目的主要在于克服单发飞机螺旋桨的扭矩,并验证通过舵面来改变飞行器在空中的飞行姿态。该项目试飞了许多次,少数结果还是比较满意的,如图 5-8 所示。

图 5-7　串联斜翼机　　　　　　　　图 5-8　新概念直升机

7. X-wing 结构概念机

利用 X 翼布局,以期实现现代战斗机的高机动性和敏捷性。项目采用后推式发动机,鸭式布局,如图 5-9 所示。由于重心和空气动力焦点之间的设计不协调,试验飞行没有获得成功。该作品获得第十二届"冯如杯"竞赛的创新奖。

8. 仿生飞翼布局飞机

该项目采用飞翼布局,仿造鸟的翱翔姿态设计内翼上反和外翼下反。外翼下反对飞行器的空气动力性能和操纵性能的提升有一定贡献,如图 5-10 所示。该项目飞行试验获得圆满成功,获得第十三届"冯如杯"一等奖和 2003 年的全国"挑战杯"一等奖。

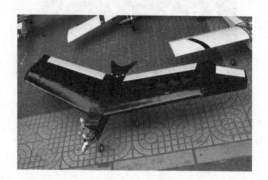

图 5-9 X-wing 结构概念机   图 5-10 仿生飞翼布局飞机

9. 混合翼概念布局验证机

混合翼概念布局验证机内翼采用小展弦比大后掠角三角翼,外翼采用大展弦比、小后掠角、高升阻比翼型,得到一个兼顾高低速性能的飞机布局,如图 5-11 所示。该项目试飞圆满成功,获得第十三届"冯如杯"一等奖。

10. 雁魂-7 号

这是一个采用双尾撑、双垂尾的布局,机翼翼梢上反,可作为无人飞行器的可选布局方案,如图 5-12 所示。该项目飞行试验获得圆满成功,获得第十三届"冯如杯"二等奖。

11. V 形尾翼飞机

采用 V 形尾翼布局可以降低飞机的浸湿面积,减少阻力,如图 5-13 所示。由于尾翼不能形成雷达信号反射很强的二面角,所以隐身飞机一般采用这种布局形式。这种布局的缺陷是飞机的控制较困难,稳定性和操纵性稍差。该项目的试飞也获得圆满成功。

图 5-11 混合翼概念布局验证机

图 5-12 雁魂-7号

12. 倾转机翼验证机

倾转机翼验证机采用常规布局,但在大机翼下安装了可倾转的小机翼,并利用该装置来提高飞机的升力,改善飞机飞行性能,如图 5-14 所示。该项目试飞圆满成功,获得第十三届"冯如杯"三等奖。

图 5-13 V形尾翼飞机

图 5-14 倾转机翼验证机

13. X尾翼验证机

X尾翼布局可以在一定程度上克服 V 形尾翼布局的不足,能够提高飞行器的机动性,但控制较常规布局困难,如图 5-15 所示。该项目试飞圆满成功,获得第十三届"冯如杯"三等奖。

14. 复合连翼验证机

复合连翼验证机利用上机翼产生的涡流加速下机翼上表面的气流速度来提高升力,上下机翼的翼梢相连还可减小诱导阻力,同时可提高直接力控制,如图 5-16

所示。该项目试飞圆满成功。

图 5 - 15　X 尾翼验证机

图 5 - 16　复合连翼验证机

15. 高承载设想验证机

高承载设想验证机在机翼上安装吹风机以加速上表面空气流速,增大机翼上下表面压力差来提高升力,从而增大飞机的承载能力,如图 5 - 17 所示。该项目的试验飞行也获得了成功。

16. 前掠尾翼运动机

前掠尾翼运动机采用前掠尾翼布局,以期提高体育运动飞机或战斗机的机动性,如图 5 - 18 所示。飞行试验表明该布局的尾翼效率较高,操纵灵活。该项目获得第十三届"冯如杯"三等奖。

图 5 - 17　高承载设想验证机

图 5 - 18　前掠尾翼运动机

17. 长航程长航时技术验证机

长航程长航时技术验证机采用大展弦比双发双机身布局,前机身间装有稍微前掠的鸭翼,如图 5 - 19 所示。该项目试飞时成功升空,但没有获得圆满的成功。

18. 全掠翼概念验证机

全掠翼概念验证机的机翼在飞行过程中可从后掠状态转变为前掠状态,很好地兼顾了前掠、平直和后掠机翼的优点,如图 5-20 所示。该项目试飞圆满成功,获得第十四届"冯如杯"一等奖。

图 5-19　长航程长航时技术验证机

图 5-20　全掠翼概念验证机

19. 微型雷达诱骗飞机

微型雷达诱骗飞机能产生很大的雷达散射截面,用以干扰和欺骗敌人,如图 5-21 所示。该项目试飞圆满成功,获得第十四届"冯如杯"二等奖。

20. 飞翼与双尾撑混合布局验证机

飞翼与双尾撑混合布局验证机采用飞翼、双尾撑和倒 V 形尾翼布局,以期提高飞翼布局飞机的机动性和稳定性,如图 5-22 所示。该项目试飞圆满成功,获得第十四届"冯如杯"三等奖。

图 5-21　微型雷达诱骗飞机

图 5-22　飞翼与双尾撑混合布局验证机

21. 混合翼、宽体翼身融合机

该项目的创新之处在于宽体翼身融合与混合翼布局的组合,以此提高飞机的高亚声速巡航性能和大迎角机动性能,如图 5-23 所示。该项目的试飞取得圆满成功。

22. 全隐身飞行器

全隐身飞行器采用菱形飞翼布局、翼身融合、无垂尾布局,以期实现最小雷达散射截面的设计目标,如图 5-24 所示。由于这种布局存在操纵困难,飞行安定性差的固有不足,所以没有飞行成功。

图 5-23　混合翼、宽体翼身融合机

图 5-24　全隐身飞行器

23. 仿生蝴蝶翼飞机

仿生蝴蝶翼飞机采用与蝴蝶类似的机翼平面形状,增加飞行中的观赏性,如图 5-25 所示。该项目的试飞获得成功,并具有良好的操纵性和稳定性。

24. 新型旋翼飞行器

这是一个非常有创意的设计,根据仿生学原理而得。与传统旋翼飞行器不同,该飞行器只采用单叶叶片,为保证飞行器的平衡,采用 4 叶片总体布局型式,如图 5-26 所示。

图 5-25　仿生蝴蝶翼飞机

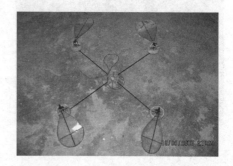

图 5-26　新型旋翼飞行器

25. 主翼全动式布局直接升力验证机

直接力控制对提升飞机的机动性能有积极作用,采用机翼全动的方式来实现对飞机的直接力控制,是一种很有创新意义的做法。利用样机对此进行验证是合适的,但要在真实飞机上使用这样的技术,则一要看这样做值得与否,二要解决驱动机翼转动的动力和操纵问题。主翼全动式布局直接升力验证机如图 5 - 27 所示。

26. 机翼弦向吹气边界层控制验证机

根据机翼产生升力的原理,机翼上表面空气流速越快,升力越大。该验证机采用机翼上表面沿展向吹气的方法来实现增升的目的,具有一定的创新意义,但增升效果不易被验证,真飞机采用要解决气源问题。机翼弦向吹气边界层控制验证机如图 5 - 28 所示。

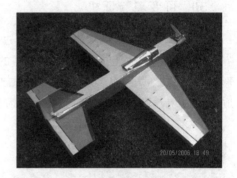

图 5 - 27　主翼全动式布局直接升力验证机　　图 5 - 28　机翼弦向吹气边界层控制验证机

27. 带自适应襟翼的飞行器

襟翼是飞机的增升装置,该飞行器将襟翼设计成自适应的,既具有常规襟翼的功能,还能提升飞机的性能,也是一种很有创意的做法,如图 5 - 29 所示。

28. 变后掠鸭翼布局验证机

该验证机采用三翼面布局型式,将前翼或鸭翼设计成后掠角可变,在具备三翼面布局飞机特点的基础上,还能进一步优化飞机的性能,也不失为一种有创新性的做法,如图 5 - 30 所示。

29. 翼身融合大型运输机

高承载能力是运输机追求的一个性能指标,通过翼身融合设计和鸭式布局提高飞机的升阻比,是一个实现运输机高承载能力的有效途径,对于运输类飞机来说,这样的设计也有较大的创新。翼身融合大型运输机如图5-31所示。

图5-29　带自适应襟翼的飞行器

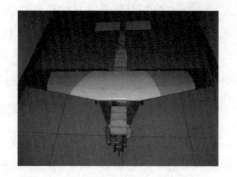
图5-30　变后掠鸭翼布局验证机

30. 可变翼验证机

通过改变飞机的形状来获取飞行过程中的性能最佳是飞行器发展的一个重要方向,国外在这方面已经做了许多有益的探索性研究工作。该验证机将机翼设计成形状可变的形式,可从原始的水平状态改变成中间向上折叠的形状,并且试验飞行取得了成功,是一种有创新意义的尝试,如图5-32所示。

图5-31　翼身融合大型运输机

图5-32　可变翼验证机

31. 高升力体飞机

机翼机身完全融合,形成一个圆盘式的升力体。该项目的试飞获得成功,具有良好的操纵性和稳定性,有较好的实际应用前景,如图5-33所示。

32. 先进布局战斗机

这是一个具有一定仿真性质的战斗机模型,使用两台涵道风扇发动机作为动力装置,模拟真实战斗机的喷气发动机,如图5-34所示。其外观漂亮,试验飞行非常成功,获得第十六届"冯如杯"一等奖。

图 5 - 33　高升力体飞机

图 5 - 34　先进布局战斗机

33. 鸭式布局三角翼验证机

机翼和鸭翼均采用三角翼平面形状,在构型上有一定的创新性,但用一个低速模型来验证具有优秀高速性能的三角翼,有较大难度,也就是说,通过模型试验飞行不能验证这种布局的优势,只能说明它是否能飞。鸭式布局三角翼验证机如图 5 - 35 所示。

34. 鸭式布局前掠翼验证机

这应是一个三翼面布局的验证机,鸭翼设置有舵面,机翼采用前掠形式,布局有一定的创新性,但问题在于用低速样机不能很好地验证这种布局的优势,只能简单地验证这种布局的飞机可飞与否。鸭式布局前掠翼验证机如图 5 - 36 所示。

图 5 - 35　鸭式布局三角翼验证机

图 5 - 36　鸭式布局前掠翼验证机

35. 边条前掠验证机

这是一个正常式布局飞机,创新之处在于前掠机翼前加装了双三角边条,成功飞行没有问题,不足之处是低速样机难以验证边条带来的气动效益,如图 5 - 37 所示。

36. 飞 翼

飞翼布局,用两台后推式电动机作为动力,用后缘舵面对飞机进行控制,有一定新意,如图 5－38 所示。

图 5－37　边条前掠验证机　　　　　　　　图 5－38　飞　翼

37. 倾转旋翼验证机

倾转旋翼是飞机发展的一个重要方向,该验证机采用安装在翼梢的共两台发动机倾转的布局形式,优势是综合了飞机和直升机的特点,难点是实现飞行控制和稳定飞行,如图 5－39 所示。

38. 旋翼机验证机

这是一个采用共轴双旋翼的旋翼机验证机,目的还是验证无动力旋翼是否能提供足够的升力使飞机飞行,如图 5－40 所示。

图 5－39　倾转旋翼验证机　　　　　　　　图 5－40　旋翼机验证机

39. 三翼面双三角翼验证机

三翼面双三角翼验证机采用三翼面布局,机翼和鸭翼都采用双三角翼,尾翼采用双垂尾形式,构型有一定的创新性,如图 5-41 所示。

40．侧板前掠翼验证机

侧板技术有利于改善飞机的空气动力特性,这是众多课程作品中唯一采用这一技术的验证机,同时使用了边条前掠翼布局型式,属于新概念飞机布局的一个验证机,如图 5-42 所示。

图 5-41　三翼面双三角翼验证机　　　　图 5-42　侧板前掠翼验证机

41．鸭式布局仿生飞机

鸭式布局仿生飞机采用鸭式布局,机翼模仿飞鸟翅膀形状,从外观上来说,其是一种新奇的飞机,如图 5-43 所示。

42．微型三角飞翼

这是一个微型飞行器,翼展 30 cm,后推式发动机,采用翼梢端板保证飞机的航向稳定性,如图 5-44 所示。

图 5-43　鸭式布局仿生飞机　　　　图 5-44　微型三角飞翼

43．微型飞翼验证机

这是一个翼展不到 40 cm 的微型飞行器,采用前拉式动力装置、飞翼布局、后缘多舵面控制,如图 5-45 所示。

44. 四发布局倾转旋翼验证机

这是一个四倾转旋翼验证机,前后机翼翼梢各装有一台可倾转的动力装置,可垂直起飞,以飞机形式平飞,从平衡角度讲比双倾转旋翼要好,但四倾转旋翼大大增加了飞行控制的难度,如图 5-46 所示。

图 5-45　微型飞翼验证机

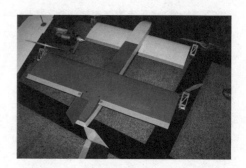

图 5-46　四发布局倾转旋翼验证机

45. 二元翼型飞机

改变机翼翼型的弯度有利于增加机翼的升力。该飞机将机翼分成两部分,能调整成不同的弯度满足不同飞行状态的需要,但由于采用很薄的翼型,从而使得飞机的实用性受到怀疑,但该机还是有一定的创新意义的,如图 5-47 所示。

46. Channel Wing 概念验证机

这是一个新奇的布局,机翼中间部分开槽,据说有助于提高机翼的升阻比,如图 5-48 所示。该验证机试飞取得了成功,但在实际应用方面难以消除人们的疑问。

图 5-47　二元翼型飞机

图 5-48　Channel Wing 概念验证机

47．S 形机身飞机

该机创新之处在于采用了具有弯度的机身,目的是让飞机在飞行器机身上也产生一定的升力,同时采用三垂尾布局来保证飞机的航向稳定性。这是一个正常式布局飞机,成功飞行不会成为问题,不足之处在于如将其实用化,具有弯度的机身会给飞机的制造带来很多麻烦,也许会得不偿失。S 形机身飞机如图 5-49 所示。

48．三翼面主动控制技术验证机

三翼面布局前面已经见过多次,但该机利用三翼面布局来提供直接力控制,从而提升飞机的机动性,这具有一定的创新意义,如图 5-50 所示。

图 5-49　S 形机身飞机　　　　　　　图 5-50　三翼面主动控制技术验证机

49．直接力控制飞翼

该机采用翼梢端板为飞机提供方向直接力控制,使飞机实现无坡度转弯,如图 5-51 所示。该机设计合理,试验飞行成功,获得第十五届"冯如杯"一等奖。

50．长航时验证机

长航时验证机采用大展弦比机翼、三翼面布局、倒 V 形尾翼,布局上有创新,飞行试验也相当成功;不足之处在于名称中出现的"长航时"难以验证并使人信服。长航时验证机如图 5-52 所示。

51．可折叠验证机

一些飞行器在使用时往往会采用载机空中投放的形式,由于载机的空间限制,折叠就成为一种缩小飞行器尺寸的技术手段。该机外观漂亮,飞行试验成功,获得全国"挑战杯"竞赛一等奖,如图 5-53 所示。

52. 垂直起飞侦察机

该飞行器可垂直起飞,以飞机的飞行模式完成空中侦察任务后垂直降落或像飞机一样着陆,获得全国"挑战杯"竞赛一等奖,如图 5-54 所示。

图 5-51　直接力控制飞翼

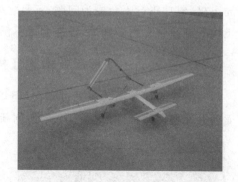

图 5-52　长航时验证机

图 5-53　可折叠验证机

图 5-54　垂直起飞侦察机

第6章　样机的制造

本章将主要介绍样机制造的常用材料、粘合剂,制造过程中的互换性要求,用以保证样机制造互换性要求的模线–样板法,样机构造工艺性,以及样机制造的工具和工艺装备;并还对样机的各主要部件,即翼面类结构、机身类结构、起落架及其他附件的制造进行了介绍。

6.1　样机制造的特点

由于飞机结构及结构的使用要求与其他产品不同,因而其制造工艺过程也有它本身的特点。小飞机作为真实飞机的缩比验证机或无人机,也具有飞机产品的一些特点。

1. 零件数量大、品种多、装配工作量大

飞机不但结构复杂,而且其内部还布置了各种设备、传感器和附件,因此,一架飞机的零件不仅数量很大,而且品种也多。

由于制造批量不大,机械化和自动化程度不高,样机制造的手工劳动量比较大。此外,样机的装配劳动量也比较大。在一般的机器制造中,装配和安装工作的劳动量只占产品制造总劳动量的 20% 左右,而在飞机制造中要占 50%～60%。

2. 选用材料品种多

样机的绝大部分零件都是用木材制成的,这其中包括桐木、轻木、层板、杉木、桦木、榉木等。部分零件还将用到铝、钢、铜等金属材料,尼龙、塑料等非金属材料,以及碳纤维、玻璃钢等复合材料。

3. 外形复杂、精度要求高

飞机的各部件大多具有不规则的曲面外形,对于精度有很高的要求,尤其是接触气流的飞机表面,不仅对它的表面光洁度,而且对其准确度都提出了很高的要求。

为了保证零件的精度,成形零件和装配时往往都需要大量的模具、夹具、型架等工艺装备,在正式制造前还必须做大量的生产准备工作。

4. 刚度/外形尺寸比小

样机的外形尺寸虽然不是非常大,但由于重量的限制,一些大尺寸零件的刚度却很小,有些零件在自重下还会引起变形。

6.2　样机制造用材料

制作样机所用的材料品种很多,有木材、竹材、塑料、复合材料、纸、纺织品等非金属材料,还有少量的铝、钢、铜、钛合金等金属材料。

6.2.1　木　材

目前,样机虽然应用了许多新型材料,如碳纤维、玻璃钢等,但目前木材仍然占有相当重要的地位。

木材的主要优点:容易获得、价格便宜、加工容易、粘接方便、比强度高,材料具有各向异性。所谓比强度,是指材料的极限强度与材料的密度之比。以松木为例,其比强度大约是钢的 2.4 倍。所谓材料力学性能的各向异性,是指木材在不同的方向其强度和刚度不一样,如在木纹方向其强度和刚度好,而在垂直于木纹的方向,其强度和刚度却下降很多。

木材的缺点:① 木纹、木节等给强度带来了损害;② 材料中含水量的变化往往会使其发生扭曲变形,给样机的性能带来不利的影响;③ 木材的成材率和出材率较低。

目前,样机中常用的木材主要有:轻木、桐木、松木、榉木、椴木、云杉等。表 6-1 列出了样机常用的木材力学性能,供大家设计使用时参考。考虑木材因材质不同而存在较大的性能差异,其力学性能也具有较大的离散性,实际用材料的力学性能可能与表 6-1 所列数据有较大的差异。

在进行样机的制造时,要根据飞机部件的受力特点和工作环境对木材进行合理的选择和搭配,不同的部件往往选用不同的材料。在进行材料的选择时,一般遵循以下规律:

① 制作蒙皮、普通翼肋、普通缘条、整形件等,要采用密度很小而又有一定强度的木材。目前,多选用轻木和密度较小的桐木。对于加强翼肋也经常采用椴木层板。

② 制作翼梁、机身桁条等受力部件,要采用密度不一定很小而强度较大的木材。对于尺寸比较大的样机,常选用云杉、松木等;对于尺寸较小的样机,也经常选用木纹好的桐木。

③ 制作螺旋桨和发动机架等部件时,要采用具有较大强度和硬度的木材。常用的有桦木、榉木、层压板等。

④ 制作隔框、局部加强片、机身头部或机翼根肋等时,要采用各向同性的层板。常用的有 0.5～3.0 mm 的航空层板和椴木层板。

表 6 - 1　样机常用木材力学性能

木材名称	密度/ (kg·m^{-3})	顺纹弹性模量/ GPa	顺纹压缩强度/ MPa	顺纹拉伸强度/ MPa	弯曲强度/ MPa
轻木(1)	114	2.76	5.92	19.87	10.48
轻木(2)	164	4.70	9.73	32.60	17.20
泡桐	209	5.86	16.70	38.60	28.30
红松	370	7.30	32.70	96.10	64.00
椴木	355	8.40	35.10	95.30	62.30
桦木	571	10.89	51.30	154.00	128.00
云杉	465	9.85	37.89	70.27	—

6.2.2　金　属

金属材料在小尺寸样机中应用量不大,但是随着飞机的尺寸不断加大,其使用量也有所增加。目前,在样机上使用的金属材料主要有以下几种:

铝:一般来说,样机使用的金属材料中以铝合金为最多,常用于发动机及相关构件,如起落架、摇臂、机翼插销等,有些飞机还使用铝箔作为蒙皮。

钢:在样机上所使用的钢材除螺丝以外,主要是各种钢丝,用作连杆、起落架等。

铜:铜材往往用来制造摩擦件和油管。样机有时使用薄铜片来制作油箱。

钛合金:钛合金密度小且强度大,近年来也在逐渐应用于样机的承力部件上。

6.2.3　复合材料和塑料

复合材料具有更好的比强度和比刚度。塑料的比强度高,但其密度较小,在 0.83～2.2 g/cm^3,而泡沫塑料的密度只有 0.02～0.03 g/cm^3。

样机常用的复合材料有玻璃钢、碳素纤维,常用的塑料有硬质泡沫塑料、注塑件、板材热压件等。热缩型的塑料蒙皮已经逐步代替传统的棉纸和尼龙绢蒙皮。

常用的复合材料和塑料主要有以下特点:

玻璃钢:它是用玻璃纤维和树脂胶结合而成的复合材料。它在样机中可以用在结构的局部加强和表面加强上,也可以用在硬泡沫塑料的表面加强上,形成复合夹层结构;还可以单独制作成薄壳件,如机身、整流罩等。它的特点是:强度大,重量轻,加工成型方便,适合单件生产。

碳素纤维复合材料:以往主要用在结构的局部加强上,随着技术的进步,不少样机的翼梁、尾管,甚至是整个机翼或者整架飞机都采用碳素纤维复合材料制作。碳素纤维复合材料在样机上使用,往往是将碳素纤维和树脂胶结合制作成碳片或者碳管供使用者选择,也可以根据需要加工成特定形状,但是加工工艺相对比较复杂。

硬质泡沫塑料:常用的硬质泡沫塑料有聚苯乙烯泡沫塑料、聚氯乙烯泡沫塑料、聚氨酯硬泡沫塑料、聚苯乙烯硬泡沫塑料吹塑纸。可以根据飞机的不同要求,选择不同强度和密度的泡沫塑料。加工硬质泡沫塑料很方便,可以用加工木材的方法进行,也可以用电热丝切割,还可以用模塑的方法成批生产。

注塑件和板材热压件:可以用于注塑件和板材热压件的材料很多,常用的有聚乙烯、聚丙烯、聚苯乙烯、ABS、尼龙等。在样机中,注塑件主要用来制作螺旋桨、桨帽、整流罩、发动机架、各种接头和摇臂等,大批生产效率高、成本低,但不适用于少量或单件生产。板材热压件可以用来制作薄壳机身、舱盖、罩壳、翼尖等,适宜组织小批量生产。在制造样机时,这类零件一般宜选用成品。

6.2.4 其他非金属材料

样机上常用的其他非金属材料主要有纺织品、橡胶、棉纸、无纺布等。

纺织品:有些较大的构架式模型飞机,以往经常用生绢、绝缘绸、尼龙纱等纺织品制作蒙皮,这些蒙皮不但重量轻,而且强度大。还有一些新型的伞翼机、帆翼机和其他柔性机翼样机,其机翼多用气密性较好的扎光尼龙绸或涂胶尼龙绸做蒙皮。

橡胶:在样机上,橡胶主要用作机轮、减震垫和软油箱等。

棉纸和无纺布:以往主要用作蒙皮。大多数情况下,棉纸和无纺布蒙皮要刷上涂料,以保证它的气密性和张紧度。不过目前,这两种材料用得越来越少,取而代之的是商品热缩蒙皮。这种材料使用方便、防潮性好、色彩丰富。

6.3 样机制造用粘合剂和涂料

6.3.1 粘合剂

粘接是在制作样机过程中进行结合加工的主要手段。在所有的样机结构中,除了要经常拆装的部件外,大部分地方都要使用粘合剂。因此,粘合剂就成了不可缺少的重要材料。在样机制作中常用的粘合剂有快干胶、乳胶、各种合成树脂胶等。

快干胶:这是一种在木结构飞机上使用最普遍的传统粘合剂。目前比较常用的有"502""401"等氰基丙烯酸乙脂类单组分快干胶,或"哥俩好"一类的双组分快干胶。502胶(见图6-1)在固化前是一种无色透明液体,使用很方便,不需加热、加压,在室温下就能迅速固化。其可粘接金属、玻璃、橡胶、木材、部分塑料(不能粘接聚乙烯、聚四氟乙烯)等。但502胶耐水性不好,固化后很脆。由于胶液很稀,对于多孔性的材料容易渗透,在用胶时应加以控制用量。

乳胶:实际上就是聚醋酸乙烯乳液。其优点是:虽然本身是水溶性的,但固化后不溶于水;其在固化过程中对空气没有污染,不易燃。其缺点是:固化时间长和固化后不能长时间浸水。乳胶不仅可以用来粘接木材,还可以用来粘接硬泡沫塑料,稀释后还可当作涂料使用,见图6-2。

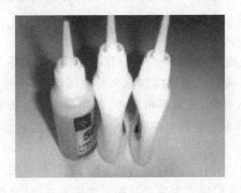

图6-1 502胶水

图6-2 乳 胶

合成树脂胶:合成树脂胶的种类很多,如环氧树脂胶、酚醛树脂胶、不饱和树脂胶、聚氨酯胶等。其中,环氧树脂胶是使用比较广泛的一种合成树脂胶。环氧树脂胶对木材、金属、陶瓷、玻璃、橡胶等都有很好的粘接性能,只是对塑料差一些。它可以在常温常压下固化,收缩率很小,不怕水,稳定性好。因此,在样机制作的各种粘合中,使用环氧树脂胶都有很好的效果。环氧树脂胶同玻璃布结合使用可以制成玻

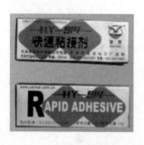

图6-3 "914"双组分树脂胶

璃钢零件。目前,在样机上使用比较广泛的合成树脂胶往往是制成小包装的双组分树脂胶,如比较常用的"914"双组分树脂胶,如图6-3所示。

6.3.2 涂 料

涂料可以使样机的表面光滑、美观,并且有一定的抗浸蚀能力。虽然目前这类飞行器的蒙皮多用热缩蒙皮,但涂料在一些尺寸较大的样机上仍有很大的使用量。涂布油、硝基漆、环氧漆、有机玻璃涂液、泡沫塑料涂液、乳胶漆等都是样机比较常用的涂料。不同种涂料具有各自的优缺点和适用范围,使用时应根据实际情况确定。对于使用甲醇、汽油或煤油作为燃料的飞行,还应注意涂料的防腐蚀性。如果飞机中使用泡沫作为填充或维形,则应保证涂料对于泡沫没有腐蚀性。

6.4 样机制造过程中的互换性要求

所谓互换,是指独立制造的零件(组合件、部件),装配时无需补充加工,就能满足产品使用要求,即一般互换的零件(组合件、部件)能与另一同样的零件(组合件、部件)互相代替,装配时不经任何修配,即可保证产品性能。样机制造虽然数量较少,但也应尽可能地考虑零部件的互换性。

一般来说,互换性要求可分为两类,如下:

① 使用互换。产品在使用过程中,如果某一零件(组合件、部件)损坏,不经挑选或修配,即可随意取一备件更换,而且仍能保持其原来的使用性能,则称为使用互换。如飞机的舵面、翼尖、起落架、外翼、尾翼等组合件、部件在使用中如发生损坏,为了使飞机在更换新的备件后,能够迅速恢复使用,使用部门就需要对它们提出使用互换方面的技术要求。

② 生产互换。在生产过程中,相同的零件(组合件)不经过任何修配,任选其一即可装配,而且能满足技术要求,我们称之为生产互换。如果零件(组合件)等具有生产互换性,则既能减少装配工作量,缩短装配周期,又便于用科学方法组织生产。当然,在实际生产中,并不要求全部零件(组合件)都具有生产互换性,这是因为对于某些零件(组合件)来说,保证其全部几何形状及尺寸的互换,不仅技术上比较困难,经济上也不一定合理。因此,只能是局部互换,对那些难以保证互换的形状和尺寸,可以事先留加工余量,在装配时进行修配;也可以用可调补偿件,在装配后进行调整。

由于飞机构造及其技术特点,使飞机制造中保证互换的内容与一般机器制造不

同,所以飞机零件(组合件、部件)除了在几何尺寸方面以外,还特别在以下几个方面有互换性要求:

(1) 气动外形的互换性要求

气动外形的互换性要求包括组合体(部件)本身的气动力外形互换性要求,以及它们安装后与相邻组合件(部件)相对位置的几何参数互换性要求,从而使整架飞机达到气动力性能互换性要求。这些相对位置的几何参数包括机翼安装以后的上反角、安装角和后掠角。

(2) 对接分离面的互换性要求

能够互换的组合件(部件)在与其他组合件(部件)对接时,应不经过修配或补充加工即能结合,而且结合后满足相对位置和气动外形要求。这其中包括螺栓孔的位置要求,蒙皮、翼肋的间隙要求,以及对接处两个部件端面的切面外形的吻合性要求,两个部件内各种导管、电缆等在对接面处的连接要求等。

(3) 强度互换性要求

零件(组合件、部件)的物理机械性能和加工尺寸应在一定的误差范围内,以保证产品的强度和可靠性。

(4) 重量、重心互换性要求

飞机的重量及重心对其技术性能有很大影响,所以在这方面必须提出互换性要求。

为了保证飞机上述几方面的互换性要求,往往需要采用一种建立在模线-样板基础上的保证互换性的方法,甚至采用计算机辅助设计与制造技术。

6.5　样机制造的模线-样板法

飞机外形由复杂的曲面组成,其协调准确度要求很高,若采用一般机器制造中保证互换性的方法,是很难达到要求的。因此,在飞机制造中引用了传统造船业中的"放样技术"作为生产中传递几何形状与尺寸的原始依据,形成了飞机制造中保证互换性的方法:模线-样板法。当然,随着计算机技术的发展,数字化设计、制造等先进手段正日益在样机的设计和制造中得到应用,模线的绘制和样板的制造都可以依托计算机软件及配套的数字加工设备(如激光切割机等)完成。

模线-样板法是按照相互联系制造原则建立的。按照这种方法,在飞机制造中,尺寸传递过程可表述如下:

首先,依据图纸按照1:1的尺寸比例,在专门的图板上准确地画出飞机的真实外形与结构形状,这就是模线。在生产中,模线即为飞机外形与结构形状的原始依据。

然后,根据模线加工出具有工件真实外形的平板,这就是样板。在制造中,样板即为加工或检验各种工艺装备及测量工件外形的量具。

样板作为一种平面量具,是加工和检验带曲面外形的零件、装配件和相应的工艺装备的依据。由于飞机制造中所用样板起着制造、协调、检验零件及工艺装备的作用,因而它的主要特点是样板间必须互相协调。图 6-4 所示为用于制作机翼的样板。

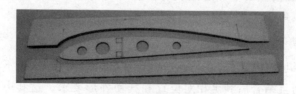

图 6-4　机翼样板

生产中使用的样板种类繁多,最常用的有以下几种:

(1) 外形样板

外形样板一般用于检验平面弯边零件、平板零件和单曲度型材零件。它也是内形样板和展开样板的制造依据,有时也可取代内形样板,直接作为成形模具的加工依据。另外,还有一种样板称为内形样板,不过目前在生产上为了减小样板数量,基本不再使用。

(2) 展开样板

在飞机生产中,对于以弯边线为曲线的零件,可以根据弯角大小、弯曲半径、弯边高度等把零件的展开尺寸大致计算出来,求得零件展开后的形状,据此形状制作的样板称为展开样板。不过,这种样板在样机的制造中还很少使用。

(3) 切面样板

对于形状复杂的立体零件,必须用一组切面样板才能控制零件的形状。为了制造与检验这类模具和零件,需要用多种切面样板,如切面内形样板、切面外形样板、反切面内形样板和反切面外形样板。它们之间的尺寸关系是:

$$切面内形＋零件材料厚度＝切面外形$$
$$反切面内形－零件材料厚度＝反切面外形$$

为了保证一组切面样板在使用中相互位置的准确性,所以在每块样板上都刻有基准线。

在飞机生产中,还有一些其他类型的样板,由于在样机中使用较少,这里就不加以介绍了。当然,随着计算机辅助设计和计算机辅助制造技术的推广和应用,生产样板的数量也将逐渐减少。

6.6 样机构造工艺性

所谓构造工艺性,是指在保证产品使用质量的条件下,在产品制造过程中,能够采用最合理、最经济的工艺方法,达到高生产指标(如劳动生产率高、生产周期短、生产成本低)的那些构造属性。

在飞机制造过程中,要达到质量好、生产率高、周期短和成本低,取决于多方面因素,其中就包括构造工艺性。构造工艺性是采用最合理、最经济工艺方法的基础。如果构造工艺性不好,即使在工艺和生产管理上采取许多措施,也往往难以达到高生产指标。在许多情况下,若改善了构造工艺性,不仅可以采用最合理、最经济的工艺方法,而且有利于提高产品的制造质量。构造工艺性是评价产品设计质量的重要指标之一。

实践证明,飞机构造工艺性必须从设计一开始就加以重视,而不应也不可能等设计完以后再设法补救。在飞机设计的最初阶段,改善构造工艺性的效果最大。如果用总效果的百分比来大致估计飞机设计各个阶段对改善工艺性的作用,则总体设计阶段占总效果的 30%,技术设计阶段为 40%,详细设计阶段为 20%,成批生产阶段以及其他因素仅为 10%。这说明,在飞机设计初期就应注意提高构造工艺性。

提高飞机构造工艺性的问题,是涉及许多技术领域的技术问题。它涉及飞机机体和各系统的各部分结构、各种装配连接和安装形式以及各种类型零件所用的材料、制造技术要求、几何形状和尺寸参数,还有与制造中所采用的各种各样的装配、连接方法和零件加工方法有关的所有技术细节问题。

提高构造工艺性可以从以下几方面着手:

(1) 增加飞机结构的继承性

在进行样机的设计和制造中,应尽可能地参照现有的一些样机的构造形式,甚至可以充分使用现有的一些零配件。

(2) 简化飞机外形

飞机外形越复杂,在制造过程中保证互换与协调越困难,所需工艺装备的数量和制造费用也越多。因此,应尽量简化飞机的外形。

(3) 合理地确定工艺分离面

部件工艺分离面的划分是否合理,对结构重量和构造工艺性都有很大影响。在进行结构设计时应根据结构重量要求和工艺要求综合分析,合理地确定工艺分离面。

(4) 提高飞机各部件之间对接的结构工艺性

样机机翼、机身部件之间的对接往往采用插销(见图 6-5)或耳片(见图 6-6)的形式,在制作时应特别注意对接处的互换性要求,并选用最简单的连接方式和接头外形与尺寸。

图6-5　机身和机翼之间的插销连接(1)

图6-6　机身和机翼之间的耳片连接

(5) 提高部件骨架结构的工艺性

飞机各部件的骨架结构布置包括梁、长桁、翼肋或隔框布置,这对构造工艺性有很大影响。

对于机翼或尾翼为直母线外形的部件,梁和长桁的轴线应布置在弦线等百分比的直线上,使梁和长桁的纵向外形为直线,这样可以简化零件的加工和成形,并易于保证外形的准确度。而对于平面形状梯形比大的机翼或尾翼,如果长桁沿弦线等百分比的直线进行布置,在结构受力方面很不合理,则可以采用桁条轴线相互平行的布置方案,但对于难加工、刚度较大的翼梁,应布置在弦线等百分比的直线上。

一般来说,翼肋应垂直于机翼的某根梁的轴线,这样可简化型架的安装。翼肋的基准面应垂直于翼弦平面。这种布置方案既有利于零件的成形,又便于翼肋定位件在装配型架上的安装。机翼上的梁和肋布置如图6-7所示。

机身上长桁的布置应尽量使长桁为单曲度,使长桁在一个平面内弯曲,如曲度

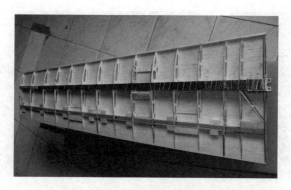

图 6-7　机翼上的梁和肋布置

不大甚至可以不成形,这样工艺性较好。机身上的梁和长桁布置如图 6-8 所示。

图 6-8　机身上的梁和长桁布置

（6）提高结构的整体性

提高结构的整体性可以减轻结构重量,在制造中应根据现有设备的条件,确定整体结构件的形状、尺寸和重量大小。

（7）选用合理的连接方式

在样机的制造中,零件、组件或部件之间主要使用粘接、螺纹连接、插销连接等方式,采用哪种方式要根据具体的情况合理选择。对于一些不需要拆卸的地方,优先考虑使用粘接,并合理地处理好粘接面,如图 6-9 所示。对于分离面以及一些需要拆卸的地方,则需要选择螺纹连接或插销连接,如图 6-10 和图 6-11 所示。

（8）选用密度小,工艺性和经济性好的材料

在选用材料时,应从材料的密度、加工的工艺性以及经济性等方面出发。一般来说,梁可以选用桐木、松木、杉木(必要时可贴碳片)或碳管,翼肋则可以选用轻木、桐木、模型层板等,腹板可以选用轻木、桐木、薄航空层板等,蒙皮可以选用轻木或桐木,隔框可以选用模型层板或航空层板,桁条可以选用桐木。具体选用哪种材料,要

图 6-9　零件之间的粘接

图 6-10　起落架与机身之间的螺纹连接

图 6-11　机翼和机身之间的插销连接(2)

视模型所承受的载荷根据经验和应力应变分析确定。图 6-12 所示为基于结构有限元方法的翼面静力分析。对于一些没有把握的关键部件(如机翼、尾翼),还应开展静力分析和安排静力试验,如图 6-13 所示。

(9) 零件和结构尺寸的规格化

飞机内部的一些小零件(如舵机安装架等),与飞机的外形无关,由于形状和尺寸很相似,所以这类零件应尽量规格化。这样可以大量减少零件的品种,减少工艺装备的数量,采用大批量的生产方式制造,提高工作效率,降低制造成本。除了某些

8.39+000

图 6-12 基于结构有限元方法的翼面静力分析

图 6-13 翼面的静力试验

零件的规格化以外,结构上的某些尺寸和形状也应尽量规格化。零件和某些结构尺寸的规格化,对于飞机设计和制造都是有利的。

(10)减少标准件的种类和规格

在进行设计时,对于标准件的选用也应重视。设计时如果任意选用,则规格太多,会给生产、供应、使用和管理带来很多困难。

6.7 样机制造的工具与工艺装备

在样机的制造过程中,会用到各种各样的工具和设备,这里仅列出一些常用工具和设备。

6.7.1 工 具

制作样机所使用的工具范围很广,从简单的一把小刀到复杂紧密的机床和电子仪器都用得上。

1. 必备的工具

在制作样机的工具中,手工工具占绝大多数。必备的工具有:模型小刀,如图 6-14 所示;木锉、钢锉(包括平板锉、圆锉、三角锉等钢锉和什锦锉),如图 6-15 所示;小木锯、钢锯(见图 6-16);木刨子,如图 6-17 所示;砂纸,如图 6-18 所示;手钻,如图 6-19 所示;夹子,如图 6-20 所示;小钳子,如图 6-21 所示;剪刀,如图 6-22 所示;螺丝刀,如图 6-23 所示;铁锤和橡胶锤,分别如图 6-24 和图 6-25 所示;台钳,如图 6-26 所示;手虎钳,如图 6-27 所示;电烙铁,如图 6-28 所示;电吹风,如图 6-29 所示;各种木工铲刀、各种雕刻刀(见图 6-30);各种扳手,如图 6-31 所示;套筒,如图 6-32 所示;各种扳手,如图 6-33~图 6-35 所示;各种钻头,如图 6-36 所示;丝锥、板牙,如图 6-37 所示;镊子,如图 6-38 所示;大头针,如图 6-39 所示;工作板、角尺(见图 6-40);直尺、卡尺、千分尺(见图 6-41);游标卡尺,如图 6-42 所示;天平、电子秤(见图 6-43);量杯以及加工泡沫塑料的电热丝切割器等。

图 6-14 模型小刀

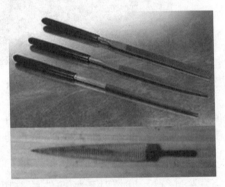

图 6-15 锉 刀

图 6-16 钢 锯

图 6-17 木刨子

图 6 - 18 砂 纸

图 6 - 19 手 钻

图 6 - 20 夹 子

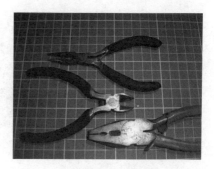

图 6 - 21 小钳子

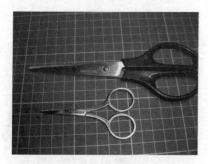

图 6 - 22 剪 刀

图 6 - 23 螺丝刀

图 6 - 24 铁 锤

图 6 - 25 橡胶锤

图 6-26 台 钳

图 6-27 手虎钳

图 6-28 电烙铁

图 6-29 电吹风

图 6-30 雕刻刀

图 6-31 扳 手

图 6-32 套 筒

图 6-33 棘轮扳手

图 6 - 34　火头扳手

图 6 - 35　飞轮扳手

图 6 - 36　钻　头

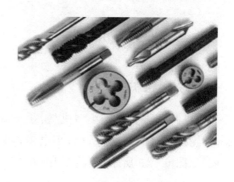

图 6 - 37　丝锥、板牙

图 6 - 38　镊　子

图 6 - 39　大头针

图 6 - 40　角　尺

图 6 - 41　千分尺

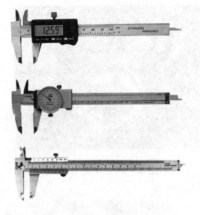

图 6 - 42　游标卡尺

图 6 - 43　电子秤

2. 小型机械

样机制造需要以下小型机械:手电钻,如图 6 - 44 所示;小台钻,如图 6 - 45 所示;砂轮机,如图 6 - 46 所示;小电锯,如图 6 - 47 所示;小车床,如图 6 - 48 所示;小气泵,如图 6 - 49 所示;喷枪,如图 6 - 50 所示;充电器,如图 6 - 51 所示;等等。

图 6 - 44　手电钻

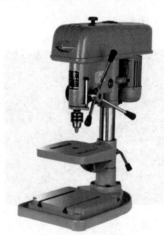

图 6 - 45　小台钻

3. 激光切割机

在现代小型航空器和航模的制造中,小型激光切割机(见图 6 - 52)发挥了重要的作用。利用该设备几乎可以加工所有的木质板件和大部分塑料板件,这大大提高了制造效率。激光切割机主要用于加工机翼翼肋、机身隔框等样机的零部件。由于采用数字雕刻方式,激光切割机加工的零部件精确度高、质量好,为发挥样机的设计性能提供了保障。此外,平面雕刻机也在模型制作中逐步发挥作用。

图 6-46　砂轮机

图 6-47　小电锯

图 6-48　小车床

图 6-49　小气泵

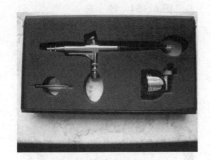

图 6-50　喷　枪

图 6-51　充电器

4. 测量仪表

样机制造过程中,需要使用的测量仪表主要有:万用表,如图 6-53 所示;秒表,如图 6-54 所示；转速表、风速计（见图 6-55）；示波器，如图 6-56 所示；等等。

图 6-52　小型激光切割机

图 6-53　万用表

图 6-54　秒　表

图 6-55　风速计

图 6-56　示波器

为了便于工具的保管和使用,还应配置工具箱。对于样机的工具箱,如果是放在室内的,则可以做得大一些,它实际上是一个小的工具柜子;如果要携带外出,尤其是外场飞行,就要选用紧凑、小巧、轻便一些的。外场飞行工具箱可以自己制作,也可以从市场上选购。

6.7.2　工艺装备

在飞机制造中,采用了大量的工艺装备来保证产品的制造准确度和协调准确度。根据这些工艺装备的功用,工艺装备可分为两类:标准工艺装备和生产工艺装备。其中,标准工艺装备是具有零件、组合件或部件的准确外形和尺寸的刚性实体,作为制造和检验生产工艺装备外形和尺寸的依据;而生产工艺装备则直接用于制造和检验飞机零件、组合件或部件。生产工艺装备之间的外形和尺寸通过标准工艺装备来保证它们相互协调。

在样机的制造中,使用工艺装备的场合不是很多。但在尺寸较大的样机制造过程中,尤其是要制造几架飞机时,为了保证部件之间的互换性,往往会用到标准工艺装备。

根据飞机制造中保证互换和协调的内容,标准工艺装备可归纳为三类:

① 保证对接分离面协调的标准工艺装备,如标准量规和标准平板;

② 保证外形协调的标准工艺装备,如外形标准样件;

③ 保证对接分离面与外形综合协调的标准工艺装备,如安装标准样件和反标准样件。

目前,在样机制造中使用比较多的是用于保证对接分离面协调的标准工艺装备。

按照相互联系制造原则进行协调时,标准工艺装备是保证生产工艺装备之间相互协调的重要手段。因此,重要协调部位(如机翼和机身之间的分离面)的标准工艺装备应具有较高的制造精度。

飞机各部件间的连接有两种形式:叉耳式连接和围框式凸缘多孔连接。这两种连接形式分别采用标准量规和标准平板来保证对接分离面的互换协调。在样机制造中,叉耳式连接是比较普遍的连接方式。

标准量规是组合件或部件间一组叉耳式样对接接头的标准样件,它们是成对制造的。由于接头间必须保证非常高的协调准确度,因此成对的标准量规不宜分别按图纸单独装配,而是要配合装配,即首先根据对接接头的结构图纸制造其中一个,与其成对的另一个则按照已经制造好的那一个量规装配。

因为标准量规是协调的依据,所以设计时应保证其有足够的刚度。

6.8　样机主要部件的制造

6.8.1　翼面类结构的制造

机翼、尾翼和前翼这几种翼面类结构在进行制造时有较多的相似点,尤其是机翼和前翼。这类结构的制造主要包括翼肋的制造、翼梁的制造、蒙皮的制造以及舵机架的制造、口盖的制造和接头(或插销)的制造。

翼肋的制造方法主要是先用绘图软件绘制翼肋的准确外形及内部减轻孔,然后利用激光切割机进行切割加工,切割后再用刀或锉等工具进行适当修整,并用砂纸磨去因切割而形成的积碳,以提高粘接的牢固性。按这种方法加工而成的翼肋如图 6 - 57 所示。

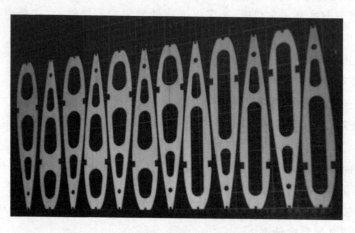

图 6 - 57　利用激光切割机加工而成的翼肋

对于一些对结构重量要求高的翼肋往往还采用构架型式。这种翼肋先按照常规翼肋的型式加工翼肋各小段,然后再按照图纸将各小段进行粘接组装成最终的翼肋。按这种方法加工而成的翼肋如图 6 - 58 所示。

翼梁缘条木质部分的加工主要有两种方法,其中一种是先绘制好平面图,然后利用激光切割机进行切割,切割后再进行适当打磨去除积碳和边角。这种方法比较适用于尺寸小的翼梁。而对于一些尺寸比较大、材质比较硬的翼梁,尤其是厚度比较大、长度比较长的翼梁,则需要利用木工机械进行加工。为了提高翼梁的抗拉能力,往往还需要在翼梁表面贴上碳纤维片。目前常采用 502 胶水粘贴碳纤维,但用这种方法粘接的碳纤维比较容易剥离。在有条件的情况下,碳纤维的粘贴最好能采用

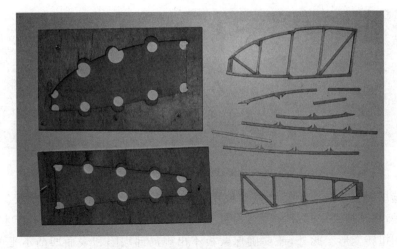

图 6-58　构架式翼肋及其制作工装

环氧树脂胶,并进行加温加压。按这种方法加工而成的翼梁缘条如图 6-59 所示。

图 6-59　粘有碳纤维的翼梁缘条

　　翼梁的腹板视机翼载荷大小可采用轻木、桐木或薄层板,可事先按图纸用激光切割机加工,然后用胶水与翼肋及翼梁进行粘贴,并最终用刀或砂纸进行修整。腹板的制作也可以比照翼梁和翼肋的位置,用刀切割成合适大小,粘贴在翼梁和翼肋上之后再用小刀和砂纸进行修配。按这种方法加工而成的翼梁腹板如图 6-60 所示。

　　在制作翼面蒙板时,往往首先挑选密度相近的轻木或桐木板,然后用胶水将其拼在一起,最后再用胶水将其粘接在翼肋、翼梁上。在粘蒙皮时往往需要几个人配合各司其职。由于粘接处在盖上蒙皮后往往不能直接滴胶水,因此粘接用胶水往往

图 6 - 60　翼梁腹板

也不能选用固化太快的 502,而需要使用 401 这类固化时间稍长的快干胶。更值得一提的是,在粘接蒙皮时最好将翼面骨架固定在型架上,以保证翼面不产生不合理的弯曲和扭转变形。此外,还要确保蒙板不出现局部塌陷和表面凹凸不平的情况。图 6 - 61 所示为翼面蒙板。

图 6 - 61　翼面蒙板

在蒙板完成后,还需要用砂纸对表面进行处理,并最后蒙上热缩蒙皮,还可以在热缩蒙皮上实现飞机的颜色和图案的美化。图 6 - 62 所示是几种蒙有不同图案的热缩蒙皮的飞机。

舵机架往往由几个小的零件粘接拼装而成。各小零件先用绘图软件绘制成加工图,然后利用激光切割机加工,最后将各个零件组装在一起。图 6 - 63 所示为一种典型的舵机安装架。

口盖的制作有很多种方法,可以用木板直接切割而成或切割后进行组装,也可以采用现成的塑料口盖,还可以采用玻璃钢通过模具成形,或者综合采用以上几种方法。图 6 - 64 所示为几种典型的口盖。

机翼的接头主要用于两段之间的连接,或机翼和机身之间的连接。这种连接通常可以采用木质/碳板插销、铝插销和金属耳片。具体采用哪种形式要根据分离面的特点来确定。图 6 - 65 所示为典型的插销式连接,典型耳片式连接如图 6 - 66 所示。

图 6 - 62 蒙有五颜六色的热缩蒙皮的飞机

图 6 - 63 典型的舵机安装架

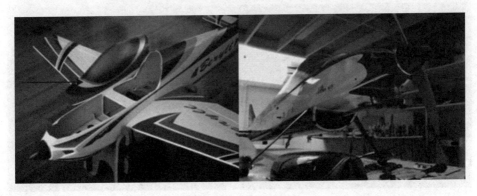

图 6 - 64 典型的口盖

图 6 - 65　机翼/机身的插销式连接

图 6 - 66　机翼/机身的耳片式连接

在进行翼面类结构的制作与装配时,为了保证翼面气动外形的准确性往往还需要制作一套型架,并在型架上组装翼面骨架和蒙板,一般只有在完成全部装配工作的情况下,方可将翼面结构从型架上卸下。图 6 - 67 所示为用于制作翼面的型架。

图 6 - 67　用于制作翼面的型架

6.8.2　机身类结构的制造

机身类结构包括常规机身、发动机短舱等。这类结构主要包括隔框、桁梁、桁条、蒙皮以及一些连接用的金属件。

隔框的做法与机翼的翼肋比较相似,可以通过激光切割机直接切割而成。不过,当隔框尺寸比较大时,往往需要将隔框分成几部分进行切割,然后再用胶水拼接在一起,对于一些承受比较大的集中载荷的隔框,往往还需要将几层隔框粘接在一起。图 6-68 所示为几种常见的机身隔框。

图 6-68　常见的机身隔框

机身的桁梁和桁条往往用一些常规规格的木条制成,如 3×3、4×4、5×5、8×8、10×10 的桐木条或松木条,具体规格和材料视飞机大小及所承受的载荷大小来确定。对于一些承受载荷比较大、重量要求苛刻的飞机,还可以考虑使用碳管作为桁梁,或在木条外围包上碳纤维片。

机身蒙板和外表热缩膜蒙皮的制作和粘贴与机翼相似,在此不再介绍。图 6-69 所示为不同涂装的机身。

图 6-69　蒙有五彩斑斓的热缩蒙皮的机身

　　机身类结构是否需要使用型架，要根据机身的截面形状来确定。对于截面为矩形的机身，可以不用专门制作型架，而是直接利用工作板进行定位即可。对于这种机身，先将桁梁粘接在机身侧板上（见图6-70），然后将隔框、粘有桁梁的侧板组装在一起（见图6-71）。对于截面形状比较复杂的机身，往往需要制作型架，图6-72所示为用于组装机身的型架。

图6-70　将桁梁粘接在机身侧板上

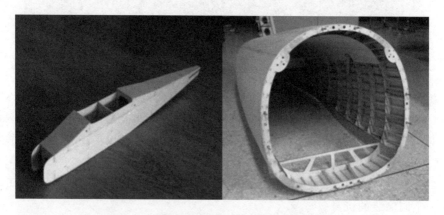

图6-71　隔框、桁梁、蒙板组装在一起的机身

图6-72　用于组装机身的型架

6.8.3　起落架的制造

　　起落架的制作通常可以采用钢丝或铝板弯制而成。直径不大的钢丝可以使用简单工具弯制,但直径较大的钢丝则需要借助专用设备,往往需要委托加工。起落架用铝板往往选用硬铝,这种材料往往需要经过一定的热处理工序方能加工成满足要求的起落架,这也需要委托加工。此外,玻璃钢和碳纤维近来也在模型飞机上得到了广泛使用,不过制作这类起落架时需要用到模具,其工艺相对比较复杂。对于一些起飞重量大的飞机,有时也用到比较复杂的起落架,其设计也相对复杂。图 6-73~图 6-75 所示为几种典型的起落架。

图 6-73　带整流罩的简易起落架

图 6-74　带减震器的起落架

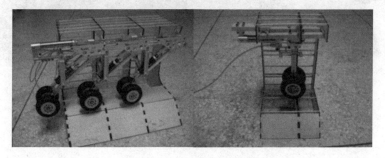

图 6-75　小车式起落架

6.8.4　其他附件的制造

在样机或小型航空器的制造过程中，还需要用到许多其他附件，如飞行控制系统使用舵机连杆、操纵面摇臂，如图 6-76 所示；连接舵面使舵面能偏转的各种操纵面铰链，如图 6-77 所示；反爪螺母，如图 6-78 所示；各种连杆夹头，如图 6-79 所示；不同容积的各种油箱、导管及其附件，如图 6-80 所示；两叶、三叶不同直径和不同螺距的螺旋桨（如图 6-81 所示为三叶螺旋桨）；各种机轮，如图 6-82 所示；开关，如图 6-83 所示；导线和舵机延长线等。这些附件往往可以采用现有成品，而不需要专门制作。

图 6-76　摇臂与连杆

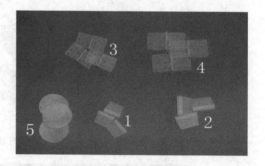

图 6-77　各种操纵面铰链

图 6-78　反爪螺母

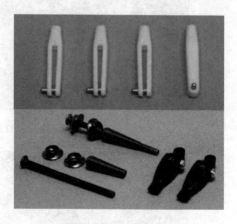

图 6-79　连杆夹头

图 6-80　油箱及其附件

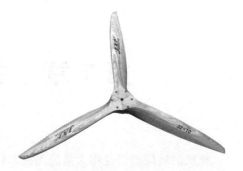

图 6-81　螺旋桨

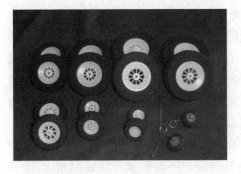

图 6-82　机　轮

图 6-83　开　关

第 7 章 样机的装配

样机的装配过程是将大量的飞机零件按图纸、技术条件进行组合、连接的过程。装配时,要准确地确定零件或组合件之间的相互位置,用一定的连接方法进行连接。在装配过程中,还要将发动机、仪器设备、电缆、管路、连杆等连接成系统。

在一般的机器制造中,装配和安装工作的劳动量只占产品制造总劳动量的 20% 左右,而在飞机制造中却占 50%~60%,小型飞行器也具有这种特点。首先,是因为飞机构造复杂,零件和连接件的数量大;其次,是因为飞机制造中装配和安装工作的机械化和自动化程度比较低,手工劳动量占很大比重,劳动生产率低,这一点在样机的装配和安装中更为突出。但是,质量要求却很高,技术难度也较大。因此,提高样机装配和安装的技术水平在小型飞行器样机制造中具有重要意义。

由于飞机的结构复杂,零件及连接件数量多,大多数零件在自身重量下刚度较小,组合成的外形又有严格的技术要求,故飞机装配与一般机械产品装配相比,除具有某些共同性原理外,还有它自身的一些特点,这一点在小型飞行器的装配中更为突出。

7.1 飞机结构的分解

为了满足使用、维护以及生产工艺上的要求,整架飞机的机体可分解成许多大小不同的装配单元。首先,飞机的机体可分解成若干部件,如前机身、后机身、机翼、襟翼、副翼、水平尾翼、垂直安定面、方向舵、前起落架和主起落架等。有些部件还可以分解成段件,如机翼可分解成前缘段、中段和后段。部件或段件还可以进一步划分出隔框、梁、肋等组合件。小型飞行器也是如此,只是零件、段件和部件的数量要少一些。

飞机机体结构划分成许多装配单元后,两相邻装配单元间的对接结合处就形成了分离面。飞机机体结构的分离面一般可分为两类,如下:

(1) 设计分离面

设计分离面是根据构造上和使用上的要求而确定的。如飞机的机翼,为了运输和更换，需设计成独立的部件；如襟翼、副翼或舵面，需在机翼或安定面上相对运动，所以也把它们划分成独立的部件（对于小型飞行器，这些部件不一定需要做成可拆卸的）。设计分离面都采用可卸连接，而且一般都要求有互换性。

（2）工艺分离面

工艺分离面是由于生产上的需要，为了合理满足工艺过程的要求，按部件进行工艺分解划分出来的分离面。由部件划分成段件，以及由部件、段件再进一步划分出板件和组合件，这些都是工艺分离面。工艺分离面之间一般都采用不可卸连接，装配成部件后，这些分离面就消失了。通过合理划分工艺分离面，可以为飞机制造带来几方面的便利：① 增加平行装配工作面，缩短了装配周期；② 减少复杂部件或段件的装配型架数量；③ 改善装配工作的开敞性，从而提高装配质量。

当然，结构划分的结果还会涉及强度、重量和气动方面的问题，因此，飞机结构划分工作在飞机设计过程中，是一项极为重要的设计任务，它不仅要满足结构上、使用上和生产上的要求，还需要综合考虑其他因素，分析矛盾的各个方面，以求得合理的结构划分方案。

飞机装配过程一般由零件先装配成比较简单的组合件和板件，然后逐步装配成比较复杂的段件和部件，最后将各部件对接成整架飞机。因此，飞机的装配过程取决于飞机的结构。

根据结构和使用的需要，飞机由许多部件及可卸件组成。图 7-1 所示为某小型飞行器样机的部件分解图。由于机翼和机身具有不同的功能，故有不同的结构，所以机翼和机身一般分别为两个单独的部件。为便于更换、维护和修理安装在机身内的仪器设备等，往往还需要将机身分为前中机身和后机身，或增加一些大的口盖；又

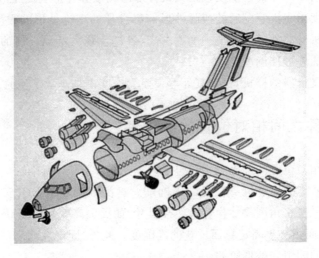

图 7-1　某小型飞行器样机的部件分解图

因舵面相对于固定翼面做相对运动,也被设计成单独部件。另外,由于使用上的需要,在某些部位需要设计有可卸件,以便于维护、检查及装填,如各种检查、装填舱口等。

7.2 装配准确度

装配准确度是指装配后飞机机体及部件的几何形状、尺寸等实际数值与设计时所规定的理论数值间的误差。对于不同类型的飞机和飞机上不同的部位,装配准确度的要求是不一样的。

飞机装配的准确度对飞机的各种性能均有直接影响。

首先,飞机外形的准确度直接影响飞机的空气动力性能。因为,飞机结构是薄壁结构,大多数零件尺寸大、刚度小,飞机外形的准确度在很大程度上取决于飞机装配的准确度。

其次,飞机各种操纵系统的安装准确度直接影响飞机的各种操纵性能。因此,飞机装配后,应保证运动机构和结构部件之间有必要的间隙。

此外,在装配过程中还应采用合理的装配顺序和工艺措施,以减少结构的变形和残余应力。

7.2.1 飞机装配的准确度要求

飞机空气动力外形的准确度包括飞机外形准确度和外形表面光滑度。

外形准确度指飞机装配后的实际外形偏离设计的理论外形的程度。一般来说,翼面类部件比机身部件的外形准确度要求高,各部件最大剖面以前的部件要比最大剖面以后部分的外形准确度要求高。

·对于小型飞行器的样机,保证其外形表面光滑度也是非常重要的。

7.2.2 部件之间相对位置的准确度

部件之间相对位置的准确度主要包括以下几类:

① 机翼、尾翼相对于机身位置的准确度。这类准确度参数有安装角、上反角。它们的允许值一般将角度尺寸换算成线性尺寸(如翼尖高度等)进行检查。

② 各操纵面相对于固定翼面位置的准确度。此外,固定翼面和舵面外形之间也需要保证一定的间隙和外形阶差。

③ 机身各段之间相对位置的准确度。虽然要求不高,但必须注意保证各段对接

处的阶差不超过表面平滑度的要求。

④ 部件之间对接接合的准确度。部件之间一般采用可卸连接,其分离面处的对接接头常用型式有叉耳式和围框式(凸缘式)两种,这种部件间的连接也需要有一定的准确度。

7.2.3　部件内部各零件和组合件的准确度

这方面的准确度要求是指大梁轴线、翼肋轴线、隔框轴线以及长桁轴线等的实际位置相对于理论轴线位置的偏差。

当然,对于结构复杂、协调尺寸较多、产品准确度要求较高的情况,也可以通过相互修配和补充加工或调整等补偿办法,部分消除零件制造和装配误差,最后达到规定的准确度要求。

7.3　装配基准

在装配过程中,有两种装配基准:以骨架外形为基准和以蒙皮外形为基准。

7.3.1　骨架外形基准

当以骨架外形为基准时,首先将翼梁和翼肋按型架定位,对翼梁上一些下凹的地方进行填平,并在翼肋和翼梁上涂上胶,铺上蒙皮,用橡筋或卡板等将蒙皮紧紧压在骨架上,等到胶干之后再卸下橡筋和卡板。

这种以骨架外形为基准的装配方法,其误差积累是由内向外的最后的积累误差反映在部件外形上的。最终的部件外形误差由以下几项误差积累而成:① 骨架零件制造的外形误差;② 骨架的装配误差;③ 蒙皮的厚度误差;④ 蒙皮和骨架由于贴合不紧而产生的误差;⑤ 装配连接的变形误差。

为了提高外形准确度,就必须针对以上产生误差的 5 方面采取不同的措施。但当外形要求较严时,即使采取措施也很难满足要求。为此,在结构设计和装配基准上,出现了以蒙皮外形为基准的装配方法。

7.3.2　蒙皮外形基准

对于以蒙皮外形为基准的装配方法,首先将蒙皮紧贴在型架卡板上,然后再往上安装隔框等,如存在尺寸不合适,还必须对隔框进行修配或贴补偿片。

这种装配方法的误差积累是由外向内的,积累的误差通过补偿结构来消除。部件外形准确度主要取决于装配型架的制造准确度,减少了零件制造误差、骨架装配误差对外形的影响。

部件外形误差主要由以下几项误差积累而成:① 装配型架卡板的外形误差;② 蒙皮和卡板外形之间由于贴合不紧而产生的误差;③ 装配连接的变形误差。

至于最终决定以什么基准进行装配应取决于部件的结构。在小型飞行器的样机上如果对气动外形没有非常苛刻的要求,则可以采用以骨架外形为基准的装配方法。

7.4 装配定位

装配定位即在装配过程中确定零件、组合件、板件及段件之间的相对位置。

对于装配定位有以下要求:① 保证定位符合图纸和技术条件所规定的准确度要求;② 定位和固定要操作简单可靠;③ 定位所用工艺装备简单,制造费用低。

在飞机的装配中,常用的定位方法有以下几种:

1. 用划线定位

用划线定位即根据飞机图纸用通用量具划线定位。该方法适用于位置准确度要求不高、零件刚度较大的部位。虽然划线定位效率低,一般不宜用于成批生产,但由于它通用性强,在成批生产中仍不失为一种辅助的定位方法。这种方法在小型飞行器样机的制造中的应用还是非常广泛的。

2. 用装配孔定位

用装配孔定位即按预先在零件上制出的装配孔来定位。例如,利用机身隔框上的桁条孔来为桁条定位,如图7-2所示。

3. 用坐标定位孔定位

坐标定位孔分别配置在用于确定零件正确位置的型架及零件上,坐标定位孔离基准线的距离一般取整数。图7-3所示为制作大尺寸组装式隔框时所用到的用坐标定位孔定位的方法。

4. 用装配夹具(型架)定位

这是飞机制造中最基本的一种定位方法。使用装配型架可以确保零件、组合件在空间相对的正确位置,同时还起到校正零件、组合件形状,以及限制装配变形的作

图 7 - 2 用装配孔定位法在机身隔框上定位桁条

图 7 - 3 用坐标定位孔定位法制作大尺寸组装式隔框

用。当然,型架的采用也将使得制造费用增加,生产准备周期变长。因此,在型架设计中应仔细研究各装配单元的定位方法,在确保准确度的前提下,综合采用各种定位方法,使型架结构尽可能简单。图 7 - 4 所示为用装配型架定位法组装机翼。

图 7 - 4 用装配型架定位法组装机翼

5. 用基准零件定位

对于小型飞行器样机上的一些机械零件还可以采用基准零件定位的方法,比如一些具有复杂空间结构的操纵控制机构。

7.5　飞机总装配

飞机总装配是部件装配过程的延续,是飞机装配工作的最后阶段。其任务是将飞机各部件对接成整架飞机,在飞机上安装各种设备、装置和系统,进行调整、试验和检验。

飞机的总装配包括以下各项工作:① 对飞机机体各部件进行对接,进行水平测量;② 安装调整发动机、操纵系统、起落架及各种机载设备。

飞机总装配工作量的大小主要取决于飞机的型别和结构,同时也与加工的数量和技术条件有关。

7.6　样机主要部件的组装

样机的各主要部件组装质量的好坏直接关系到飞机的性能和可靠性。组装时,一方面要保证各部件的相对位置和相对角度,另一方面要保证安装的可靠性。

7.6.1　翼面和机身的组装

翼面和机身的组装要根据分离面的具体型式确定,但不论采用何种型式都应确保翼面的安装角准确,左右翼面的安装角和上反角对称。图 7-5 所示为几种不同连接型式的翼面和机身。

7.6.2　起落架和机身的组装

起落架与机身的连接方式,与选用的起落架型式、前三点或后三点等有密切关系。起落架一般通过螺钉与机身连接,也有少数飞机通过橡筋将起落架绑到飞机上。图 7-6 所示为起落架与机身的组装。

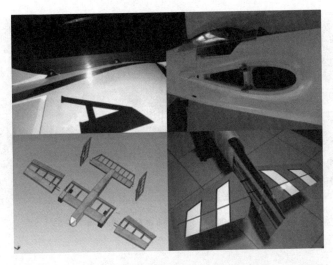

图 7 - 5　不同连接型式的翼面和机身

图 7 - 6　起落架与机身的组装

7.6.3　动力系统的安装

　　动力系统是飞机的心脏,直接关系到飞机的飞行性能和安全性。一旦发动机出现故障,就会对飞机的安全构成严重的威胁,甚至使飞机发生严重损坏。发动机也是飞机各部件中最主要的振动源。在进行安装时必须进行减振处理并防止因振动而导致连接处松动或者脱落。

　　此外,为了减少发动机螺旋桨的反扭力矩以及拉力变化时对飞行操纵的影响,发动机在安装时还应保证相对于机身轴线有一定的角度,对于发动机前置的飞机,安装发动机时必须保证具有一定的下拉和右拉作用。图 7 - 7 所示为发动机的安装。

图 7-7 发动机的安装

7.6.4 操纵系统的安装

操纵系统的安装主要包括固定和安装接收机、舵机、摇臂、连杆、电池、电缆等。

接收机:为防止飞行时的振动或其他冲撞损坏接收机,一般情况下应在安装时包裹一层海绵,并用橡筋或胶带捆扎,如图 7-8 所示。必要时还应对接收机进行电磁屏蔽,以防止机载电子设备的电磁干扰,通常可以采用贴屏蔽胶带的方法。此外,接收机的天线应尽量伸长,若机舱内空间狭小,则可把天线顺到机身外,用胶带粘在蒙皮上。不能因天线太长而截断或打结,这样会影响严控信号的接收,缩短遥控距离。

图 7-8 接收机的安装

舵机:舵机一般由 4 个自攻螺钉固定在层板上,并在中间垫橡胶垫片用于减震,如图 7-9 所示。将螺钉把橡胶垫片略微压变形即可，不可拧得过紧，否则就失去了减振效果。

图 7-9　舵机的安装

　　摇臂、连杆：舵面连杆应与摇臂、舵面转轴基本垂直，这样才能更好地保证舵机的动作能准确地传到舵面上。此外，在进行摇臂、连杆及相关附件的选择时，还应尽量保证间隙尽可能地小，且转动灵活；对于一些要求比较高的地方，应尽可能采用金属件并使用球头连接。此外，对于一些气动铰链力矩比较大的舵面，往往需要采用多个舵机并用，为此必须通过连杆将各摇臂连接在一起。图 7-10 所示为摇臂和连杆的安装。

　　电池、电缆：电池必须拿海绵包裹后再用扎带或双面胶固定在机身里，电源线与开关线的接口最好用胶带粘牢，以防止因飞行姿态改变引起电池晃动而使接口断开。机内电缆除需要经常拆卸的部位外，其他接口最好用热缩套管箍上，并尽可能固定在结构上。对于一些连接距离过长或与其他部件经常发生摩擦的地方，要用胶带或热缩套管捆扎。图 7-11 所示为电缆的安装。

7.6.5　全机联调检查

　　在完成上述各部件的安装和调试之后，还需要对全机进行联调检查，用以检验各部分安装是否合适、到位，从而为进一步的放飞做准备。具体内容包括以下几方面：

　　① 各部件安装的是否合适、到位、可靠：主要检查机翼、尾翼、起落架、发动机等部件相对于机身的位置是否符合设计图纸的要求，且连接可靠。

图 7 - 10　摇臂和连杆的安装

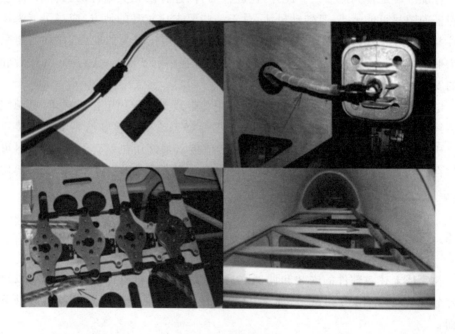

图 7 - 11　电缆的安装

② 全机重心是否合适:必须保证飞机的重心满足设计要求,即重心一般要求在全机焦点之前一段距离。

③ 操纵系统安装和调试的是否妥当:主要检查舵面、连杆等活动部位是否转动自如、连接可靠、行程合适,遥控器发射机和接收机信号是否联通且不存在电磁干扰问题,各遥控通道设置是否正确,各电缆接头是否连接可靠。

④ 发动机安装是否牢固且其振动对飞机影响较小:这往往要通过起动发动机进行检查,需要检查发动机从怠速到高速的各个转速状态工作是否稳定,其振动是否对其他部件产生较大影响,如螺钉连接处、活动连接处是否发生松动或脱落。

⑤ 起落架的强度和刚度是否满足要求:可以通过落震试验(即将飞机平移上升至距地面一定高度,然后放下让其进行自由落体,直至落到地面并经过几次弹跳)检查起落架的强度和刚度是否满足要求。一般要求经过落震试验后,起落架没有明显的塑性变形,机轮不至于脱落,其他各个部位无损坏,操纵系统工作正常。

第8章 动力装置

微小型飞行器前进的动力有两种:一种是模型自身重量的向前分力。微小型飞行器依靠这种动力飞行时,必须具有合适的高度。飞行器在飞行时头部稍稍向下,不断地下降高度,将位能转化为动能,这就是平时所说的"滑翔"。另一种是微小型飞行器上安装的动力装置。微小型飞行器上采用的动力装置主要有橡筋束、活塞式发动机、喷气式发动机、电动式发动机、压缩气体发动机等。

本章将重点讲述在微小型飞行器上应用最广泛的活塞式发动机的原理及使用等相关知识,对其他动力装置,如橡筋束、喷气式发动机等进行简单介绍,最后一节将介绍近几年在微小型飞行器中得到推广和应用的电动式动力系统。

8.1 动力装置的构造与原理

8.1.1 橡筋束

橡筋束是手工简易微型飞行器上用的较多的一种动力装置。它实际上是一种储能装置,没有什么构造和自身的工作原理,在人的作用下产生动力。在绕橡筋束时,将人体发出的能量储存在橡筋束的拉伸和扭曲等变形中,而使橡筋束具有很大的扭转力矩。螺旋桨等其他辅助动力装置就在这个扭转力矩的作用下旋转并产生拉力,使模型飞行器不断地前进从而获得升力。所以,橡筋束的好坏很重要,好的橡筋束能够储存更多的能量,使辅助动力装置产生更大的拉力,并能维持较长的动力时间。

8.1.2 活塞式发动机

活塞式发动机是微小型飞行器上用的最多的动力装置。常用的活塞式发动机按照混合气体着火方法分为压缩燃烧式(压燃式)、电热式(热火式)和电火花点燃式(电点火式)三种;按配气方式分为两冲程发动机和四冲程发动机;按气缸数目分为单缸、双缸以及多缸发动机。

各种型号的发动机的基本结构及组成零件相似。微小型活塞式发动机有十几个到数十个零件,它的工作原理与飞机、汽车、摩托车发动机的工作原理相似,都是利用燃料在气缸中燃烧使气体产生高压来推动活塞运动,活塞又通过曲柄连杆机构使螺旋桨旋转,螺旋桨在空气中旋转时产生拉力做功。但微小型飞行器上的发动机的转速要比飞机、汽车、摩托车发动机的转速高得多,这主要是因为该类发动机体积小、重量轻、行程短,所以它们运动时惯性比较小;另外,因为其转速高,所以其寿命一般比较短。

下面分别先介绍二冲程微小型飞行器发动机和四冲程微小型飞行器发动机的工作原理,再介绍两种特殊的活塞式发动机。

1. 相关术语

冲程:活塞向上或是向下的一次完整的运动也称为行程(见图 8-1)。

上死点:活塞在气缸中运动时,由于为曲轴的曲臂所限制,只能在一定范围内上下运动。活塞在气缸中运动时所能达到的最高位置称为上死点(见图 8-1)。

下死点:活塞在气缸中运动时所能达到的最低位置称为下死点(见图 8-1)。

气缸工作容积:上死点与下死点之间的气缸容积称为气缸工作容积(见图 8-1)。

飞轮作用:发动机只有在气体燃烧时活塞从上死点到下死点这一冲程是做功的,其他冲程都是不做功的,所以发动机非常需要用旋转的轮子的惯性来帮助完成运转循环,使发动机运转平稳。通常微小型飞行器发动机用螺旋桨代替飞轮,或者配有专门的飞轮。

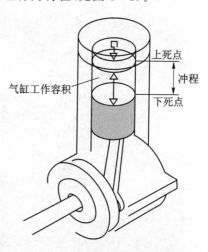

图 8-1 发动机的部分术语

2. 二冲程微小型飞行器发动机的工作原理

二冲程微小型飞行器发动机(以下简称“二冲程发动机”)的构造及零件见图 8-2和图 8-3 。

二冲程发动机的特点是:当曲轴(或螺旋桨)旋转一圈时,活塞在气缸内完成一次向上、一次向下运动的同时,完成了可燃混合气吸入机匣(进气过程)、进入气缸(扫气过程)、燃气被压缩(压缩过程)、点火和膨胀(爆炸过程)、废气排出(排气过程)的整个工作过程。

图 8-2　二冲程发动机构造图

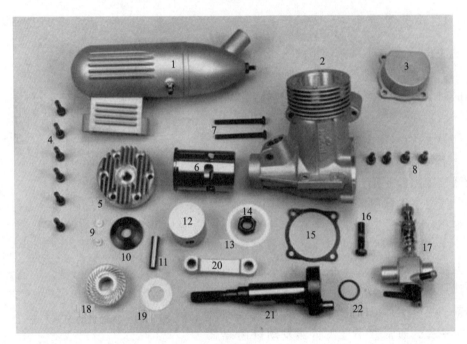

1—消声器;2—机匣;3—机匣后盖;4—气缸盖螺丝;5—气缸盖;6—气缸套;7—消声器螺丝;
8—机匣后盖螺丝 ;9—活塞销堵头;10—前桨垫;11—活塞销;12—活塞;13—气缸盖密封垫;
14—螺旋桨固定螺母;15—后盖密封垫;16—化油器固定螺栓;17—化油器;18—后桨点;
19—耐磨垫圈;20—连杆;21—曲轴;22—化油器 O 形环

图 8-3　二冲程发动机零件

　　二冲程发动机的工作过程如图 8-4 所示。由于二冲程发动机的工作过程是交叉进行的(如进气和压缩,膨胀、排气和扫气等在一个冲程内完成),因此图 8-4 所示的工作过程表示的是曲轴运转两圈,并且假设从静止开始描述。

　　图 8-4(a)所示为发动机开始运动,活塞在气缸内向上运动,因为机匣是密闭

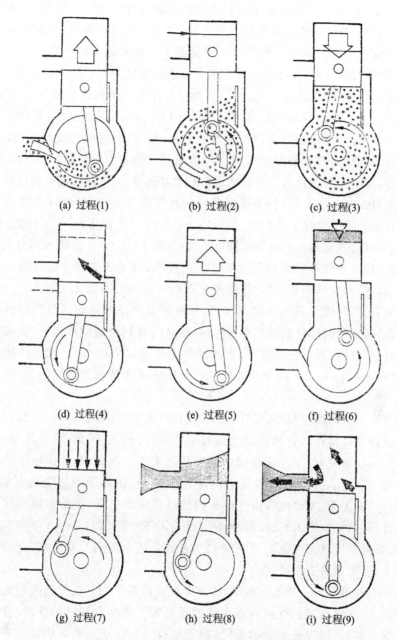

(a) 过程(1)　　(b) 过程(2)　　(c) 过程(3)

(d) 过程(4)　　(e) 过程(5)　　(f) 过程(6)

(g) 过程(7)　　(h) 过程(8)　　(i) 过程(9)

图 8 - 4　二冲程发动机的工作过程示意图

的,随着活塞上行,活塞下部机匣腔内形成低压,使油气混合气体从汽化器吸入机匣
(这时发动机起到抽吸泵的作用)。图 8 - 4(a)为表示简单起见,将汽化器直接放在
机匣旁边(相当于一个弹簧阀),真实发动机的汽化器是安装在发动机的前机匣或后
盖上的,见图 8 - 2。

图 8-4(b)所示为活塞已经达到它运动的最高点(即上死点,用 TDC 表示),进气吸入过程基本完成(实际上活塞过上死点后,由于进气气体的惯性,发动机还能吸入一部分混合气),这时活塞下面的机匣内充满了可燃的新鲜油气混合气。曲轴继续旋转,在曲轴的旋转惯性(还包括螺旋桨等的旋转惯性)作用下,活塞通过上死点,进入向下运动的过程(见图 8-4(c)),并开始压缩刚进入下机匣的混合气,同时关闭进气阀。当活塞下行到最低位置(即下死点,用 BDC 表示)的过程中,从图 8-4(d)所示的位置开始,活塞不再遮盖气缸和机匣通道(扫气道)连接的窗口(扫气口),所以活塞下方的机匣内被压缩的油气混合气就通过这些窗口(扫气口)进入活塞上方的气缸顶部,这时油气混合气已不能从进来的地方逃逸,因为此时进气阀已经关闭。

当活塞再次向上运动时(仍是依靠曲轴的旋转惯性,所以启动时必须快速转动螺旋桨),先是关闭了气缸上的扫气口(见图 8-4(e)),接着又关闭了气缸上的排气口,最后将其混合气密封在气缸顶部加以压缩(见图 8-4(f))。当活塞到达上死点前的某个位置时,由于气体被距离压缩后产生的高温(对压燃式发动机而言),或是由于通电后热火拴白金丝的炽热(对热火式发动机而言),使得混合气被点燃。对热火式发动机而言,当转速上升到足够高以后,气缸顶部燃烧气体的高温会使热火丝处于炽热状态,所以此时即使断开热火丝电源,混合气体仍会继续被点燃,发动机就保持连续运转。气体燃爆后迅速膨胀,在活塞顶上产生强大的压力,推动活塞快速向下运动(见图 8-4(g))。在这个阶段发动机才能将热能转化为机械能,并由曲轴输出做功。

在活塞向下运动的过程中,气缸上的排气口首先打开(见图 8-4(h)),经过燃烧的废气通过排气口排出。这就是发动机的一个进气、扫气、压缩、膨胀及排气循环。在这一循环还没结束时,下一循环就已经穿插进来了。例如,前一循环中活塞下行排气的同时,压缩了活塞下面机匣内的混合气,下一循环中的扫气也开始了(见图 8-4(i))。事实上,发动机的排气口比扫气口早一点打开,接着是排气口和扫气口同时打开,从扫气口进入气缸的新鲜燃气还有助于吹跑(即扫除)气缸内残存的废气,所以称新鲜燃气进入气缸的过程为扫气过程是很合适的。发动机在运转时,不断重复图 8-4 所示的工作过程。

发动机在曲轴旋转一周的过程中,各有多少时间进气、扫气、排气及它们之间的相位关系怎样,与发动机的性能有很大的关系。为了提高发动机的性能,这三者的时间最好都足够长,以保证充分的进气、扫气和排气。但这三者必须在活塞上下运动一个循环中完成,因此又互相受到限制。微小型飞行器发动机的进气、扫气和排气的开始、终止时间称为分气定时,通常它们是以曲轴转动的角度来衡量的,见图 8-5。混合气被上行的活塞压缩后,点火要及时。若点火太早,活塞还没有运动到上死点,混合气就已开始燃爆,则会阻碍活塞向上死点的运动;相反,活塞过了上死点后,若发动机还没有点火,而要到被压缩气体开始膨胀后再点火,就不能发挥出推动活塞下行的最大爆发力,只是发动机功率下降。由于发动机从点火到被压缩的混合气全部点燃要有一小段时间,所以正确的点火时间要在活塞到达上死点前一点,而最大的爆炸压力则要在过上死点后一些获得。这样既能保证最大压力能作用在活塞上,又能保证发动机连续转动。

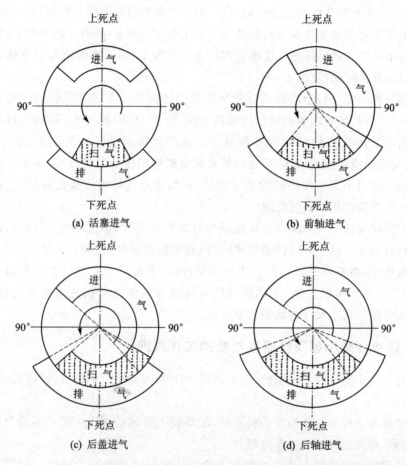

图 8 - 5　二冲程发动机分气定时示意图

　　在活塞向下运动的过程中,排气口不能开的太早,否则驱动压力会丧失过早,将影响发动机的功率。另外,排气时间和排气口的面积要充分,以便使废气能尽量排出。扫气时间和扫气口面积也必须充分,以便使下机匣内被压缩的燃气能尽可能多地驱入气缸顶部。

　　二冲程发动机的正常工作依赖于燃油与空气适当的混合比例及正确的点火时间,只有这样才能保证曲轴每运转一圈点一次火,使发动机连续稳定的工作。发动机的油针就是用来控制实际进入发动机内的混合气的油、气混合比的。如果混合气体中燃油成分太多,则通常称为富油。这时发动机的运转将不足以每运转一次都能点火。这种现象可以从发动机转速低、声音粗暴、排气口排出很多油滴判断出来。如果混合气体太富油，那么发动机甚至可能点不着火；相反，如果混合气中燃油成分太少，则通常称为贫油。这时发动机不是发出剧烈的"咳嗽声"（对压燃式发动机而言），就是因缺油而转速下降，甚至停车。发动机的点火特性由进入发动机的油气混合比决定，而进入发动机的混合气的多少，则由发动机扫气时间和扫气口面积决定。

微小型飞行器活塞式发动机的进气方式主要有如图 8-6 所示的五种方式。

最简单进气方式是将进气道喉管连接在气缸壁上，由活塞的裙部上下运动来决定进气口的开关时间（见图 8-6(a)）。

大部分微小型飞行器活塞式发动机都采用转阀进气方式。对前（后）轴进气的发动机，这个转阀装在曲轴的前（后）轴颈上（见图 8-6(b)和图 8-6(c)），进气时间取决于曲轴上进气孔的径向位置和宽度。对于后旋板进气的发动机（见图 8-6(d)），汽化器与机匣后盖相连，后盖内侧装有由曲柄销拨动的旋板阀，旋板上进气孔的位置和宽度大小决定发动机的进气相位，更换旋板或修锉旋板孔的尺寸，就可以很方便地变更发动机的进气时间。

另一种简单的进气方式是由机匣压力自动控制簧片阀（见图 8-6(e)），进气是由装在机匣后盖上的一片弹性金属片（一般是不锈钢薄片）控制。当活塞上行时，下机匣形成负压，使簧片打开。当活塞开始下行时，下机匣压力开始上升而超过机匣外界压力时，簧片阀就关闭，下机匣内的新鲜混合气体就经扫气道进入气缸上部。簧片阀主要是用在小尺寸的热火式发动机上。

3. 四冲程微小型飞行器发动机的工作原理

四冲程微小型飞行器发动机（以下简称"四冲程发动机"）的构造及零件见图 8-7 和图 8-8 。

四冲程发动机与二冲程发动机不同，活塞要上下运动两次才能完成进气、压缩、燃烧、膨胀、排气这样一个工作过程。

四冲程发动机的特点是在气缸头上设有由曲轴带动的凸轮控制的进气和排气阀门。在活塞上行到接近上死点时，进气门打开，当活塞由上向下死点移动时，新鲜燃气由进气门吸入（见图 8-9(a)）。当活塞下行到下死点附近时，进气门关闭，接着活塞向上运动，压缩刚进入气缸的可燃混合气（见图 8-9(b)）。当活塞上行到接近上死点时，发动机点火，燃烧过程开始。当活塞刚过上死点时，燃气的爆发力将活塞下推做功（见图 8-9(c)），燃烧产物所积聚的内能，在膨胀过程中被转变为机械能。当活塞再次运动到下死点附近，排气门打开，活塞再次上行时，将气缸内经过燃烧的废气从排气门排出（见图 8-9(d)），然后排气门关闭，进气门又打开，重复上述工作过程。

从上述工作过程可以明显看出，四冲程发动机的新鲜燃气进入气缸和废气从气

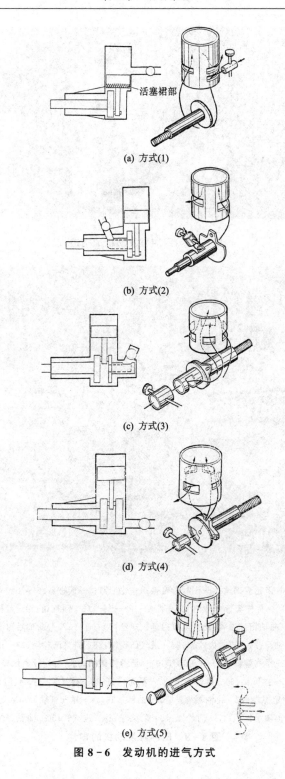

(a) 方式(1)

(b) 方式(2)

(c) 方式(3)

(d) 方式(4)

(e) 方式(5)

图 8 - 6 发动机的进气方式

图 8 - 7　四冲程发动机的构造

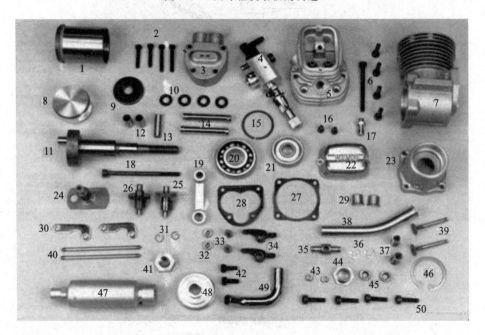

1—气缸套；2—正时齿轮盖螺丝；3—正时齿轮盖；4—化油器；5—气缸盖；6—气缸头螺丝；7—机匣；
8—活塞；9—前桨垫；10—推杆套管 O 形环；11—曲轴；12—挺杆；13—活塞销；14—推杆套管；15—活塞环；
16—摇臂罩螺丝；17—曲轴箱排油嘴；18—阻风门延长螺丝；19—连杆；20—曲轴后轴承；21—曲轴前轴承；
22—摇臂盖；23—曲轴箱；24—正时齿轮轴；25—进气凸轮轴；26—排气凸轮轴；27—正时齿轮罩密封垫；
28—曲轴箱密封垫；29—排气管箍；30—化油器座；31—活塞销挡圈；32—摇臂锁紧螺母；33—摇臂调整螺丝；
34—摇臂；35—摇臂轴；36—摇臂卡簧；37—摇臂弹簧；38—排气管；39—气门；40—推杆；
41—螺旋桨固定螺母；42—化油器螺丝；43—油针挡圈；44—排气管螺母；45—油针挡圈座；
46—前轴承挡圈；47—消音器；48—后桨垫；49—进气管；50—曲轴箱螺丝

图 8 - 8　四冲程发动机的零件

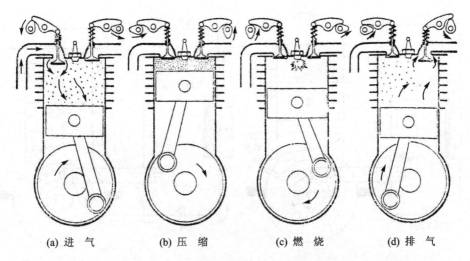

| (a) 进　气 | (b) 压　缩 | (c) 燃　烧 | (d) 排　气 |

图 8 - 9　四冲程发动机的工作过程示意图

缸排出是分别在两个冲程中进行的,而二冲程发动机排气和扫气有一段时间是交叉的。因此,四冲程发动机的经济性好(耗油量最小),这是它最大的优点。

由于四冲程发动机增加了一套气门联动机构,所以在结构上比二冲程发动机复杂。另外,二冲程发动机在单位时间内的工作循环数要比四冲程发动机多一倍,实际功率输出在相同体积、重量下较大。

电点火式微小型飞行器发动机的工作原理与热火式微小型飞行器发动机相似,只是点火不用热火栓,而用像摩托车发动机上使用的火花塞。火花塞两极用耐高温合金制成,外面套有瓷质绝缘体,底座有螺纹,以便在发动机上装卸。火花塞要在高压下才能产生火花,因此飞机上还要携带作为高压电能源的干电池或是蓄电池,或者是发动机上带有发电机,以及变换产生高压电的变压线圈,见图 8 - 10。电源与升压线圈的初级相连,升压线圈的次级(高压端)与发动机的火花塞两端相连。变压器有一个铁芯,在它外面绕有初级线圈(粗线)和次级线圈(细线),初级线圈有 200~250 匝,次级线圈有 15 000~25 000 匝。在初级线路由断电器来控制初级线圈电流的通或断。断电器由曲轴上的缺口(或凸轮)来控制其闭合或断开。断电器可以用调节手柄来调节它与曲轴缺口的相对位置,从而调节发动机的点火时间。当活塞上行时,断电器触点闭合,电源电流通过初级线圈,形成磁场。当活塞到达上死点时,断电器接触点正好转到曲轴缺口位置,在弹簧作用下,触点断开,初级线圈电流中断,磁场突然消失,次级线圈上就感应出高压电流,使火花塞放出火花,被压缩的可燃气爆炸,从而产生高压推动活塞下行做功。以后重复上述过程,发动机就连续运转。

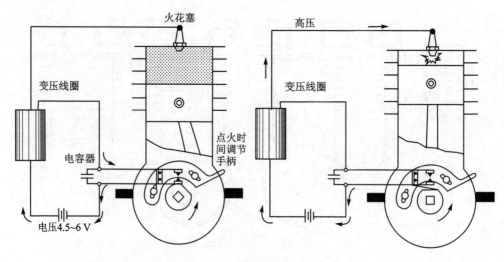

图 8-10　电点火机构的工作原理

4. 二氧化碳发动机

二氧化碳发动机是一种特殊的二冲程发动机,它是用压缩气体代替混合气体进行工作的,这种压缩气体一般采用二氧化碳(CO_2)。

二氧化碳发动机的工作原理是高压气体直接由气缸顶部注入气缸,推动活塞线性运动,输出功率,其构造见图 8-11。它不需要压缩混合气,也没有扫气部分。其排气时间长短由活塞顶部运动的位置控制,进气时间长短由安装在气缸顶部的一个

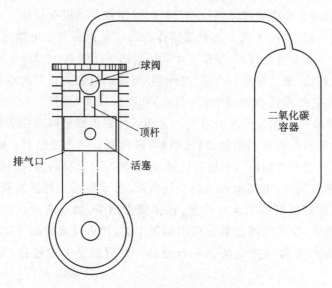

图 8-11　二氧化碳发动机构造图

简单的球阀控制,而球阀的开与关由安装在活塞顶上的顶杆控制。当活塞上行运动到接近上死点位置时,顶杆顶开球阀,压缩空气就越过球阀,充满活塞上部的气缸腔,推动活塞下行;当活塞下行后球阀自动关闭,直到下一行程活塞再次到达上死点时再打开。

这种二氧化碳发动机的进、排气时间都是以上死点为准,前后对称的,因此发动机的正反转性能相同。调整发动机分气定时的方法相对比较简单,除了锉修或更换活塞顶上顶杆长度以外,还可以在机匣与曲轴之间安装偏心衬套,改变偏心衬套的方位,就可以改变活塞上死点的位置,这是此类发动机调整转速的有效方法。

二氧化碳发动机特别适合生产为非常小的尺寸,其优点是结构简单,没有油污及废气污染。

5. 旋转活塞式发动机

这是一种特殊的活塞式发动机,它没有常规往复式内燃机做高速往复运动的活塞连杆组,三角形的活塞在腰圆形气缸内做旋转运动,这样理论上有利于提高发动机的输出功率,但制造工艺上却比较复杂,从而限制了它的广泛生产和使用。旋转活塞式发动机的原理示意图如图 8-12 所示。

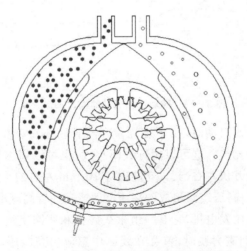

图 8-12　旋转活塞式发动机的原理示意图

8.1.3　喷气式发动机

在小型飞行器上使用的喷气发动机主要有脉动式喷气发动机、涡轮喷气发动机和涡轮轴喷气发动机,其基本原理与在大型喷气式飞机上的是一样的。下面将介绍在小型飞行器上使用的脉动式喷气发动机和涡轮喷气发动机。

1. 脉动式喷气发动机

脉动式喷气发动机的工作原理见图 8-13。发动机工作时,空气从进气口进入,同时从喷油嘴带出油料形成可燃混合气,然后通过单向阀片进入燃烧室,并由火花塞产生的电火花引燃,可燃气体燃烧后产生 1 000～1 200 ℃ 的高温,并急剧膨胀向尾喷管高速喷出(此时进气阀片在膨胀气体的作用下紧盖在进气口后面的进气孔上),在高速喷出气体的反作用力作用下,喷管产生向前的推力。当高温高压燃气向后喷出时,燃烧室就产生负压,在发动机前部大气压的作用下,进气阀片再次打开,又吸进新鲜可燃混合气。新鲜混合气不需要火花塞产生的电火花点燃,它由尾喷管返回的部分高温气体点燃即自行燃烧并重复上述产生推力的过程。

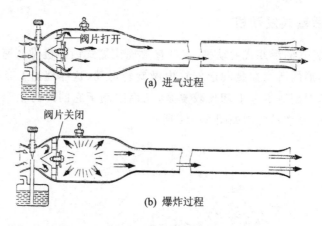

图 8-13　脉动式喷气发动机的工作原理

这种发动机在开始启动时,由于燃烧室和喷管内还没有高温高压气燃起,所以需要人工向进气口内充气。这可以用打气筒打气,也可以用压缩空气充气。发动机点火高压电源要求 1 万伏左右(其火花能击穿 10 mm 左右的空气介质),可采用手摇磁电机、蜂鸣器-电容-高压线圈组成的高压电源或晶体管高压电源。

磁电机是一种高压发电机,它有一组永久磁铁和线圈绕组。当线圈绕组在磁场中高速旋转,导线切割磁力线时,就会在线圈中感应出高电压,通向火花塞两极,产生火花。磁电机的转速越高,所产生的电压也越高。脉动式喷气发动机的启动见图 8-14。

除了上述有阀的脉动式喷气发动机外,还有一种无阀脉冲式喷气发动机,这种发动机启动时与有阀的一样。由于燃烧室后面连接的是一个细长的喷管,进气管又细小,所以燃烧室内压力迅速增大。在该压力的作用下,高温燃气大部分从喷管喷出(小部分从进气管倒流),随着燃气的排出,燃烧室内压力也逐渐减小。当发动机内压力减小到与大气压相等时,气体由于惯性继续排出,使燃烧室内压力进一步减

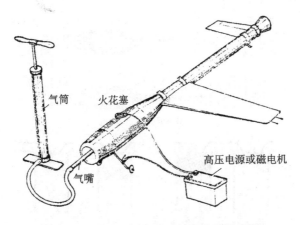

图 8 - 14　脉动式喷气发动机的启动示意图

小到负值,因为存在压力差,新鲜燃气又通过进气管冲进燃烧室,并将残余废气赶出。与此同时,在喷管开口端处剩余的一部分高温燃气返回燃烧室,压缩并点燃新鲜混合气,从此以后就不再需要火花塞点火,发动机即能连续工作。由于没有在高温下高速震动的阀片,所以这种无阀脉冲式喷气发动机工作可靠、维护简单。

2. 涡轮喷气发动机

涡轮喷气发动机(见图 8 - 15)的结构由进气道、压气机、燃烧室、涡轮和尾喷管组成,战斗机的涡轮和尾喷管间还有加力燃烧室。对于产生输出能量的原理,涡轮喷气发动机和活塞式发动机是相同的,都需要有进气、加压、燃烧和排气这 4 个阶段;不同的是,在活塞式发动机中这 4 个阶段是分时依次进行的,但在涡轮喷气发动机中则是连续进行的,气体依次流经的喷气式发动机的各个部分,就对应着活塞式发动机的 4 个工作位置,见图 8 - 16。

图 8 - 15　微小型涡轮喷气发动机

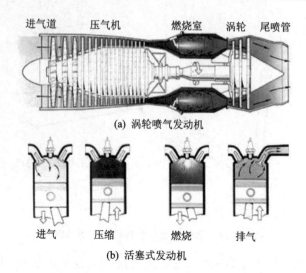

进气道　压气机　　燃烧室　涡轮　尾喷管

(a) 涡轮喷气发动机

进气　　　压缩　　　燃烧　　　排气

(b) 活塞式发动机

图 8 - 16　涡轮喷气发动机与活塞式发动机的对比图

空气首先进入发动机的进气道,当飞机飞行时,可以看作气流以飞行速度流向发动机,由于飞机飞行的速度是变化的,而压气机适应的来流速度是有一定范围的,因而进气道的功能就是通过可调管道,将来流速度调整为合适的速度。进气道后的压气机是专门用来提高气流的压力的,当空气流过压气机时,压气机工作叶片对气流做功,使气流的压力、温度升高。在亚声速飞行时,压气机是气流增压的主要部件。

从燃烧室流出的高温高压燃气,流过同压气机装在同一条轴上的涡轮。燃气的部分内能在涡轮中膨胀转化为机械能,带动压气机旋转。在涡轮喷气发动机中,气流在涡轮中膨胀所做的功正好等于压气机压缩空气所消耗的功以及传动附件克服摩擦所需的功。经过燃烧后,涡轮前的燃气能量大大增加,因而在涡轮中的膨胀比远小于压气机中的压缩比,涡轮出口处的压力和温度都比压气机进口高很多,发动机的推力就是由这一部分燃气的能量转化而来的。

从涡轮中流出的高温高压燃气,在尾喷管中继续膨胀,以高速沿发动机轴向从喷口向后排出。这一速度比气流进入发动机的速度大得多,从而使发动机获得了反作用的推力。

8.2　微小型飞行器发动机的燃料、润滑、燃烧和冷却

微小型飞行器发动机的燃料是混合物,其中既包括用来产生能量的成分,也包

括润滑剂。燃料的成分组成有很多种可行的方案。各种用来产生能量的成分,如甲醇(也称之为木精、木醇、木酒精等)、乙醚、汽油或煤油可以在采用压燃、电热或电火花点火后燃烧。压燃式发动机只能采用基于煤油的燃料。除此之外,每一种燃料都可用于上述的每一种点火方式发动机,只不过有些组合要优于其他组合。燃料特性如表 8-1 所列。

表 8-1　燃料特性

燃料	点火方式		
	压燃式	热火式	电点火式
甲醇	未见	普遍	可行
汽油	未见	罕见	普遍
煤油	普遍	未见	未见

微小型飞行器发动机的燃料除了要起到产生能量和进行冷却的作用之外,还有另外一个同等重要的任务,即润滑。微小型飞行器发动机燃料中润滑剂成分的含量主要取决于发动机的种类和转速。每种用来产生能量的燃料成分能与哪种润滑剂共同使用如表 8-2 所列。

表 8-2　各种润滑剂

润滑剂 ＼ 燃料	汽油	甲醇	煤油
蓖麻油	不可溶解	可溶解	可溶解
合成润滑剂	大多可溶解	大多可溶解	大多可溶解
石油制品机油	可溶解	不可溶解	可溶解

除了上述基本燃料和润滑剂外,微小型飞行器发动机的燃料中还可能添加起特殊作用的添加剂,常见的包括:硝基甲烷,其作用是使发动机启动容易,并将功率提高 30%~40%,还可以降低发动机油针位置的敏感性,以改善发动机风门调速特性;硝基苯,可以减小爆震现象;亚硝酸戊酯,其作用是使燃烧过程稳定,防止爆震,稳定转速,降低耗油率。

以下就常见的发动机的燃料进行说明。

1. 压燃式发动机上使用煤油燃料

压燃式发动机的基本燃料是煤油和乙醚,乙醚热值虽然相对较低,但当燃料混合气体被压缩后,它能起到自动点火的作用。因此,在启动方便的前提下,为了提高发动机的性能,乙醚的比例应小些。压燃式发动机的主要润滑剂仍是蓖麻油,也可以用合成润滑剂。主要的添加剂是亚硝酸戊酯,使用添加剂的目的既是使发动机功率提高,又是使发动机的工作平稳,油门和压缩比例调节范围加宽。添加剂的剂量一般不超过燃油的 3%～4%。表 8-3 给出了压燃式发动机燃料的基本配方。

表 8-3　压燃式发动机燃料的基本配方

推荐配比/%	燃料配方
10	蓖麻油
10	合成润滑剂
48	煤油
30	乙醚
2	亚硝酸戊酯

2. 电热式发动机上使用甲醇燃料

甲醇的点火温度对于纯压燃式发动机而言太高了,但是在电热塞中铂丝的催化作用下,燃烧就变得比较容易了。正如我们已经了解的,甲醇的燃烧温度较低,产生的功率充足,运行时发动机的温度也比较容易控制,因此,电热式点火方式加上甲醇燃料的这种组合方式可以用于从最小到最大的各种发动机。

对于电热式发动机而言,只要选用的是优质的合成润滑剂或蓖麻油,那么关键的问题就是润滑剂的用量,而不是润滑剂的种类了。如果是二冲程电热式发动机,那么燃料中润滑剂的含量不应少于 20%,最好能有 22%。四冲程电热式发动机的燃料比例与此差别也不大。由于四冲程发动机的转速较低,一般情况下温度也低一些,因此燃料中的润滑剂成分可以略少一些。除此之外,绝大多数四冲程发动机所用的燃料与二冲程发动机的完全一样。

综上所述,最常用的电热式发动机上使用甲醇燃料的基本配方如表 8-4 所列。

表 8-4　甲醇燃料的基本配方

推荐配比	燃料配方
20%～22%	润滑剂
5%～15%	硝基甲烷
剩余	甲醇

3. 电火花式发动机上使用汽油燃料

电火花式发动机用汽油作燃料,汽油比甲醇、煤油和乙醚要容易获取,价格也较低。加油站能买到的汽油都能用在样机发动机上,添加 1/60～1/25 体积比的机油后即可使用。

以上介绍的 3 种不同点火方式和燃料的配对关系是最常用的方式,此外还有在电火花式发动机上使用甲醇燃料、在电热式发动机上使用汽油燃料等方式。

8.3　微小型飞行器的油箱、油泵和油耗估算

微小型飞行器对发动机配套的油箱的总要求是:飞行器在任何飞行状态下,油箱都能对发动机正常连续的供油。

1. 油　箱

(1) 油箱的形式

针对不同飞行要求的飞行器,油箱有不同的形式,最常用的是重锤油箱(见图 8-17),其实它是一个塑料瓶油箱(也可以是金属薄片的)。在活塞上装有进气管、加油管和出油管,在瓶塞内与出油管连接的是一段柔软的软油管,在此软油管终端连一重锤。飞行时,重锤总是和燃料同时被惯性离心力甩到同一侧,所以油量尽管在逐渐减小,但重锤却总能带着油管终端浸在油中。一般的塑料油管在与油料接触一段时间后就会老化变硬,因此,软油管要选用氯丁橡胶管或硅橡胶管。

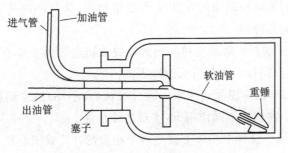

图 8-17　重锤油箱

(2) 油箱的安装位置

从侧视图(见图 8-18)上看,第一条原则是应使油面高度与发动机汽化器喷油孔的高度在同一水平线上(或稍低);第二条原则是油箱与发动机之间的油管长度不超过 20 cm。

(3) 对油箱充压提高供油能力

对油箱充压的主要目的是通过提高供油压力来降低发动机对飞行器运行时油位变化的敏感性。对油箱充压的方法是利用发动机机匣或排气管的脉冲压力对油

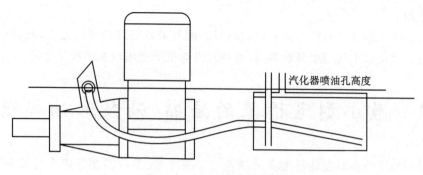

汽化器喷油孔高度

图 8 - 18　油箱的安装位置

箱进气管或加油管提供压力,使得油箱出油管保持较高的供油压力,确保任意油位都能将燃油输送到发动机上。

(4)油箱气密性的检查

如果发动机漏气,就会出现运行时贫油现象,导致发动机过热。检查方法如下:用钳子夹住其中两根油管,再用加油用注射器给油箱充气,然后把充气油箱也夹住,等几分钟,当松开其中一根油管的夹子时,应有一股气体冲出油箱,否则,就说明油箱漏气了。

2. 利用油泵加油

在样机上常利用结构简单的小油泵为油箱加油,常见的简易油泵有很多种,以下简单介绍其中的几种:

① 橡胶单向手油泵。将装有单向阀的橡胶球胆连接到油路中,手捏橡胶球向油箱加油,松开时橡胶回弹形成负压从油库吸油。

② 薄膜式油泵,也称膜片式油泵。通过机械(如手动)或电动推拉膜片,在进油口和出油口两个单向阀的协同作用下,实现连续加油。

③ 离心式油泵。这种泵实际上就是一个小型的叶片式离心机,通过手摇或电机驱动加油。

3. 发动机耗油量和油箱尺寸的估算

微小型飞行器发动机的耗油量随着发动机的尺寸大小和转速设计要求而急剧变化。对于一般热火式发动机,可以参考下列耗油率:

转速在 10 000~12 000 r/min 的普及性微小型飞行器发动机的耗油率是 2~2.5 mL/(min·mL^{-1})发动机工作容积。

转速在 15 000~20 000 r/min 的高速发动机的耗油率是 3~3.5 mL/(min·mL^{-1})发动机工作容积。

压燃式发动机的耗油率为热火式发动机的 1/3～1/2 倍。实际上,发动机的设计、制作水平不一样也会有很大差别。

总的来说,四冲程发动机要比二冲程发动机的耗油量小、经济性好。不同型号发动机的耗油率请参考相关产品的具体参数。

8.4　微小型飞行器发动机的消声器和谐振排气管

1.微小型飞行器发动机的消声器

发动机在高速运转时,由于零件之间的摩擦,配合零件之间存在间隙而产生的撞击,特别是混合气体燃烧急剧膨胀后产生的废气从排气口高速排出,因此产生剧烈的响声。由于高速排气所造成的声音是发动机的主要噪声,所以在废气排出发动机之前,先经过膨胀降低排气速度,再尽量设计一些装置来吸收声音,这就是消声器的设计思想。

对于效果比较理想的消声器,其尺寸往往比发动机本身要大得多。另外,消声器的存在不可避免地对发动机排气产生某些附加阻力和“反压”,结果总要给发动机输出功率造成一定的损失。发动机上的消声器见图 8-19。

2.微小型飞行器发动机的谐振排气管

微小型飞行器发动机上采用的谐振排气管是一根带有前后锥度的管子,像一个非常长的消声器,见图 8-20。它利用发动机排气脉冲的惯性,在谐振排气管的长度、外形和发动机的转速、扫排气角度及相位匹配时,不但消除了一般排气管的“负压”效应,而且有助于把发动机的废气排出干净,增加新鲜混合气体在气缸内的填充

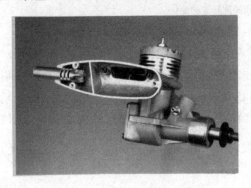

图 8-19　发动机上的消声器

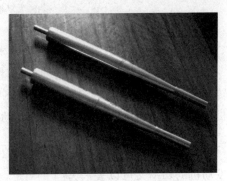

图 8-20　谐振排气管

体积,这样大大有利于提高发动机的效率(一般可使发动机的最大功率提高 40%
左右)。

8.5 螺旋桨与发动机的匹配

1. 发动机外部特性曲线及其应用

发动机的外部特性曲线表示发动机的功率和扭矩随发动机的转速变化而变化
的关系,见图 8 - 21。

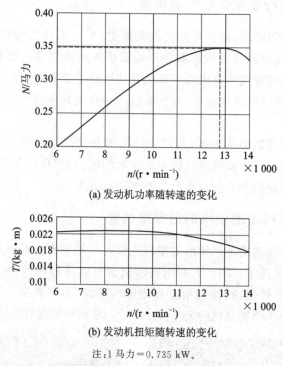

(a) 发动机功率随转速的变化

(b) 发动机扭矩随转速的变化

注:1 马力=0.735 kW。

图 8 - 21   发动机的功率和扭矩随转速的变化

发动机的输出功率一般用曲轴的输出功率表示。假定曲拐偏心 $R(\mathrm{m})$,发动机
转动时,作用在曲拐上的作用力是 $F(\mathrm{N})$(由螺旋桨的阻力引起),见图 8 - 22,则发动
机转动一周所做的功为 $2\pi RF$。设发动机转速是 $n(\mathrm{r/min})$,则发动机的功率(单位
为 W):$N=\dfrac{2\pi RFn}{60}$,其中 $T=RF$ 表示发动机在转速为 $n(\mathrm{r/min})$时的扭矩。因此,
发动机的功率又可以表示为

$$N=\frac{2\pi Tn}{60}=\frac{Tn}{94.248}$$

发动机随着转速的增大,扭矩逐渐减小。由于转速增大得快,所以发动机的功率在提高。当发动机发出最大功率时就达到了最大功率转速,这个最大功率转速随发动机的不同采用的燃料和附件(如消声器、排气管等)也不同。如果发动机转速再增大,发动机的功率和扭矩反而都会减小。

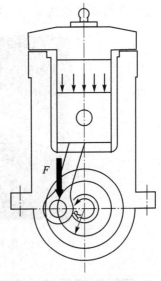

图 8-22　曲拐上的作用力

2. 螺旋桨螺距和桨叶角

螺旋桨螺距和相应的桨叶角是由发动机上天后的转速和飞行速度决定的。假设飞行器需要达到的飞行速度是 $v(\mathrm{m/s})$,考虑发动机上天后载荷减小时转速为 $n(\mathrm{r/s})$,则螺旋桨螺距为 $H=v/n$。设不同半径 R 处的螺旋桨桨叶的气流角度为 θ(见图 8-23),则

$$\tan\theta=\frac{H}{2\pi R}$$

$$\theta=\arctan\frac{H}{2\pi R}$$

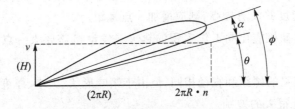

图 8-23　螺旋桨桨叶气流角

考虑到螺旋桨桨叶迎角 α 在 $1°\sim4°$ 之间,所以桨叶在不同半径处的桨叶角为

$$\phi=\theta+\alpha。$$

3. 螺旋桨的材料及平衡

制作螺旋桨的常用材料有:桦木、精制层板、玻璃纤维增强尼龙、玻璃纤维增强环氧塑料(玻璃钢)和碳纤维增强环氧塑料等。木质桨有制作、修改方便的优点,但在高速下容易损坏。玻璃纤维增强尼龙或环氧塑料用模具成型很方便,特别是碳纤维增强环氧塑料,其有很高的强度和刚度,因此使用范围日益广泛。

螺旋桨本身的平衡(包括两个桨叶的气动、强度和重量)是很重要的,否则会产生很大的振动。气动平衡是通过两侧桨叶的对称性(桨叶角、剖面和外形等)来检查

的。重量平衡检查见图 8－24,用逐步锉修的方法达到两侧桨叶重量的平衡。

图 8－24　螺旋桨重量平衡检查

4. 不同飞行器匹配不同的螺旋桨

对于追求大拉力的微小型飞行器,应选用直径稍大而螺距较小的螺旋桨;对于追求高飞行速度的微小型飞行器,应选用螺距较大而直径较小的螺旋桨。一般要求介于上述两者之间。选择螺旋桨时应注意以下几点:

① 改变桨的直径将同时影响发动机地面和空中的转速。如果改短桨径,在使转速提高后,飞行速度并没有提高,则应增加一点螺距。

② 压燃式发动机应比同工作容积的热火式发动机需要大一点的直径或螺距的螺旋桨。

③ 尽管螺旋桨的螺距和直径相同,但由于桨叶形状、大小、厚度和切面形状的差别,其性能也会有很大的差别。

表 8－5 所列为微小型飞行器发动机与螺旋桨尺寸(直径×螺距)的匹配。

表 8－5　微小型飞行器发动机与螺旋桨尺寸

发动机工作容积/mL	螺旋桨尺寸/(mm×mm)
15	300×200～350×150
10	280×180～300×150
6.5	230×200～280×150
3.5	230×100～230×120
1.8	180×75～150×100

国外螺旋桨的螺距和直径数据常以英寸为单位,英制单位与公制单位的换算关系为:1 in＝25.4 mm。

8.6　微小型飞行器发动机的启动、调整和磨车

8.6.1　新发动机启动前的准备工作

新发动机启动前的准备工作如下：

① 熟悉发动机的说明书，了解发动机试车和运转的要求（如油料、螺旋桨、热火栓、油门位置等）。

② 打开发动机的后盖，用煤油或汽油清洗发动机，直到防锈油被清洗干净，发动机转动灵活为止。

③ 准备好油料和合适的试车螺旋桨。

④ 对于热火式发动机，还有准备好启动时给热火栓通电的装置。

⑤ 准备一个能可靠固定发动机的试车台，并按要求固定好油箱，紧固好螺旋桨。启动前先将油门关死，再把油针开到说明书给出的发动机启动时的指定位置。

⑥ 注意使用中的清洁和安全问题。发动机的故障很多就是由于不注意清洁造成的，一点小灰尘掉进发动机气缸、轴承等地方就可能造成严重的损害，所以不要在灰沙大的地方试车，发动机使用完毕即用布包起来。

8.6.2　发动机的启动与调整

1. 油针调整

微小型飞行器发动机可以使用甲醇、汽油或煤油作为燃料，并采用压燃、电火花或电热的方式来点火。对高速油针的反应有一些是各种发动机共通的，比如，把油针关得太死就会使发动机停车；还有一些则随燃料与点火方式的不同而不同。下面将讨论各种发动机共通的油针调整问题。

首先说明几个概念：富油与贫油。富油是指燃料混合气中燃料的比例较大；贫油是指燃料的比例较小。当向外旋转油针或称为开大油针时，就是让油富一些。类似的，关油针与让油贫一点儿都是向内旋转油针。在化油器保持开放的状态下，发动机转速在运行不畅与过热之间可以有上下相差 7 000 r/min 的一个范围，我们称之为"可用转速范围"。高速油针的设置决定了发动机在可用转速范围内究竟运转在哪个转速上。发动机的"最大实用转速"接近于可用转速范围中较贫油的那一端。

这种油针设置使发动机在不会过热的情况下提供最大的马力。在调整发动机时，一般就让油针处于这个位置。高速油针可以向贫油方向一直拧下去，直到燃料混合气不能产生足够的能量以保持发动机运转为止。专业术语称此时的燃料混合气为"过贫"。不论发动机采用什么样的燃料，什么样的点火方式，当燃料混合气过贫时，润滑和冷却都会变得不充分，从而造成活塞与气缸的损坏。

对于油针的调整，所有生产厂家都会有一个建议的初始设定，初始调整时按照厂家建议的圈数向外拧油针，如果不知道厂家的建议，可以先拧3圈试试。这些设置只是起始点。所有的发动机，即便是同一批生产的，高速油针的设置位置也会有所不同。发动机启动后，再找出在这个特定发动机、燃料和螺旋桨组合下的最大实用转速。这里总结出一个简单的调试方法，即"掐油管法"，来帮助我们找出该最大实用转速。发动机运转过程中，要短时间地掐住油管，然后放开。如果操作过程正确，则发动机对这种掐油管法有以下3种反应：

① 如果掐住油管时发动机转速上升，而在松开后变得富油，则说明现在的燃料混合气富油，可以进一步拧小油针。

② 如果掐住油管时发动机转速上升，而松开后还能保持在这个较高的转速上，则说明此时燃料混合气的比例差不多合适，但仍可再略微拧小一点儿油针。

③ 如果掐住油管时发动机转速并不升高，松开后转速也没有变化，则说明这就是最大实用转速。

富油与贫油时的声音随燃料与点火方式的不同而不同。下面将讨论几种常见的燃料和点火方式组合的发动机的启动和调整问题。

2. 热火式发动机的启动与调整

当发动机启动时，先用左手食指或大拇指堵住发动机的进气口，右手将螺旋桨转动几圈，让油箱与发动机连接的油管内充满燃油，再将螺旋桨拨动几圈，使发动机吸入一点燃油（也可以用注射器直接往化油器喉管注入几滴燃油或从排气口向气缸注入几滴燃油）。然后对热火栓通电，若正常，则用力拨动几下螺旋桨，发动机就能启动。从安全角度考虑，建议启动发动机时尽可能使用专用的启动器。

如果不管怎样拨动螺旋桨，发动机都没有爆缸的迹象，那么可能有以下三方面的原因：

① 发动机富油。这可能是启动时吸油太多或者油箱油位太高等引起的，解决的方法如下：
- 断开热火栓电源，多次拨动螺旋桨，让多余的油从排气口排出；
- 卸下热火栓，拨动螺旋桨，让多余的燃油从气缸顶部排出；
- 提起飞机，将多余的燃油从排气口倒出。

② 热火栓电源电压下降，热火栓铂金丝的热量不足以使燃气点火。此时可以卸

下热火栓,接上电源察看铂金丝以判断电源是否充足。当电源充足时,铂金丝应呈黄或橙黄色;当电源不足时,铂金丝呈红色或暗红色。

③ 热火栓铂金丝断了,更换一个新的热火栓。

发动机启动后,以下的工作就是调整了。二冲程热火式发动机与四冲程热火式发动机的调整方法略有不同,但基本方法都是通过调整油针来调整发动机混合燃气中燃料与空气的比例,具体方法可参考"1. 油针调整"的相关内容。

3. 压燃式发动机的启动与调整

调整压燃式发动机比调整热火式发动机要复杂一些,因为它有油针和压缩比调压杆两个可调部分。启动时,先把油门放在说明书要求的合适位置上(偏富油),松开压缩比调压杆 1～2 圈,然后像启动热火式发动机一样吸油,再快速拨动螺旋桨,这时应能感受到一定的反力,将调压杆拧下 1/4 圈,再拨动螺旋桨,重复这样的调整过程,直到发动机启动。等发动机启动并保持运转后,我们就有了一个合适的供冷启动的调压杆位置。在进行下一步之前,先要把这个位置记住。

压燃式发动机冷启动时所需的压缩比和发动机在较高温度的正常运转下保持燃烧所需的压缩比相比要大。接下来就要调整油针使发动机在富油下运行并减小压缩比以适应在正常运行温度下的运转。当气缸盖用手摸起来觉得温度升高以后,把调压杆每次向外旋转 1/8 圈,直至发动机运转得相对最稳定为止。这时,燃料混合气还可能有些富油或贫油,因此运行得还不一定很稳定。试着开大或关小高速油针直到发动机运行得十分稳定为止,然后在保持发动机运行的前提下,将油针开至最大。这时发动机就处于可用转速范围的最富油,压缩比最小的那一端了。一点儿一点儿地、不断地关小油针,同时一点儿一点儿地加大压缩比。如果发动机的转动开始变得无力或出现间歇,就说明调得太过了。要减小一些压缩比,让混合气再富油一些。当发动机转在最大实用转速上时,用掐油管法再对其确认一遍。新的发动机需要磨合,因此不要在这个状态下长时间运行。

4. 电火花式发动机的启动与调整

电火花式发动机的燃料一般使用汽油。启动时确保点火电源开关断开,先把发动机的风门开至最大,然后关闭发动机化油器的启动风门,用手拨动螺旋桨数圈,直至看到燃料已经充满从油箱到发动机的油管,并且有一部分已进入发动机化油器中;打开发动机化油器的启动风门,保持风门最大,用手拨动螺旋桨数圈,让进入化油器的燃料气化,然后关闭风门至怠速状态;接着接通点火电源,用手快速地拨动螺旋桨或者使用启动器,如果发动机的油针等位置正确,即可启动发动机。

电火花式发动机的调整在此不再重复,基本的调整方法与上述电热式发动机相似。

5. 脉动式喷气发动机的启动

先检查喷油嘴和油路是否畅通,进气阀片能否平整地闭合进气道,电路接头接触是否良好,火花塞火花是否正常,并且注意油箱油面高度和汽化器喷油孔高度要相近;然后一边向进气道充气(用打气筒打气或压缩空气连续充气都可以使发动机启动,压缩空气压力要求在2～3个大气压强),一边接通连接火花塞的高压电源,发动机即可启动。发动机启动后,由于在地面的冷却条件差,容易烧坏阀片,因此试车时间不宜过长。

8.6.3 各种活塞发动机的磨车

发动机磨车的目的是为了消除新发动机配合过紧的部分,使发动机活动配合面获得良好的表面质量,以达到发动机既能灵活运转又不产生过热的效果。

磨车时需要注意以下几点:

① 拆开发动机,清洗发动机的零部件,重新装配后确保发动机各零件配合紧密,并拧紧螺栓。

② 把发动机牢牢地固定在坚固的试车台架上试车,决不能随便固定在不牢靠的台架上试车,否则,不但可能会因为振动而损坏发动机,还可能会造成发动机飞出去的危险。

③ 当发动机磨车时,选用发动机可匹配桨中直径大一些但螺距小一些的螺旋桨,以便启动容易、工作稳定,而且这对发动机的冷却效果比较好。

④ 磨车用油料要求其中的润滑剂成分比实际使用的高些,比如对热火式甲醇燃料发动机,尽量使用不带硝基甲烷、蓖麻油含量比较高的油料进行磨车。

⑤ 对于不同类型的发动机,磨车时间也不同,但基本原则是越大的发动机磨车时间应越长一些,无涨圈的活塞式发动机比有涨圈的活塞式发动机需要更长的磨车时间。

⑥ 磨车时应使发动机的转速逐渐提高。

当热火式和压燃式发动机磨车时,应开大油门使发动机处于富油状态,以保证气缸足够润滑。发动机汽化器的风门应保持全开状态,全部通过油针来调整转速。首先把油针调到富油状态,使发动机低速转动磨合,经过几分钟后,发动机即可去除其最初的不合适紧度;保持低速磨合一段时间;逐渐使油针往贫油方向调整,提高发动机转速,待发动机保持高速运转一段时间后,再将油针调整到富油状态,使发动机富油工作一段时间。这样反复进行,直到发动机能连续稳定地工作在高速状态。

电点火式汽油燃料发动机的磨车跟上述热火式发动机的磨车略有不同,其磨车时不要求化油器风门保持全开状态,相反,还要通过控制风门的大小来控制转速,因为汽油机不可能在太富油状态下长时间运行,这样会导致积碳。

磨车结束后的发动机应打开后盖,用清洁煤油或汽油清洗内部,在清除发动机零件磨损下来的金属细末后,才能装机使用。因为重新装配的发动机其零部件之间的间隙与磨合完毕的发动机不一样,所以不能将发动机的零部件全部拆卸下来,否则前期的磨合就白费了。

8.7　电动式动力系统

随着微电子和电池技术的迅速发展,以可充电电池为动力的电动机逐渐广泛地应用于微小型飞行器上。最近几年,高功率密度无刷直流电机、无传感器电子调速器控制的动力系统以及锂聚物电池能源系统的成功应用,标志着电动式发动机在微小型飞行器上应用的时代开始了。本节将介绍动力电池和动力电机。

8.7.1　动力电池

用来驱动电机工作的电池称为动力电池,它与其他用途的电池有较大的差异,而且其对整个动力系统的性能至关重要,因此,动力电池是整个电动式动力系统的关键。

1. 动力电池的种类及其发展简况

可以作为动力电池的电池种类有很多,如太阳能电池、银锌电池、镍镉电池(见图8-25)、镍氢电池和锂电池等。

图 8 - 25　镍镉电池

太阳能电池输出电流偏小,而且造价很高,所以很少人使用。银锌电池的比能量很高,大电流放电能力也很强,但其重复使用寿命较短,价格高,易漏液且不能倾倒,所以在微小型飞行器上已无人使用。到20世纪70年代,可以重复充放电且放电能力强大的镍镉电池逐渐应用于微小型飞行器上,十余年后,在比能量上比镍镉电池更胜一筹的镍氢电池问世,但其大电流放电能力远比不上镍镉电池,直到21世纪初,镍氢电池才后来者居上。同时,由于镍氢电池具有记忆效应小、对环境污染小等优点,开始逐步得到广泛使用。

对锂电池的早期研究主要出于军事目的,但后来其在民用方面的巨大经济前景,使得人们对其给予了更大的关注和投入。锂电池又分为锂离子电池和锂聚合物电池(见图8-26),其中,锂聚物电池在性能和使用上都比锂离子电池有优势,因此,随着锂聚合物电池技术的进步,锂电池在微小型飞行器上的应用日益广泛,现在已经成为主流。

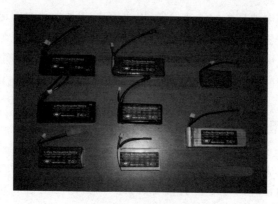

图8-26　锂聚合物电池

2. 对动力电池的要求

对动力电池最重要的要求就是能够提供尽可能大的功率。在电池行业,通常用"最大放电倍率"来衡量,指其允许的最大持续放电电流相对于其标称容量C的倍数,电池在使用时,若超过这一界限则会烧坏。最好的镍镉电池的最大放电倍率可达50C以上(短时间甚至可达近100C),而某些劣质的镍镉电池只有10C左右;锂电池的发展在短短几年时间里也经历了三四代的发展,目前锂电池的放电倍数能达到20C甚至更高。导致放电倍数的差异与电池内阻有很大关系。对于动力电池,由于其电流非常大,所以,如果电池内阻大,则闭合回路中内阻消耗的功率就大,从而导致输出功率变小,因此,动力电池的内阻必须非常小。

对动力电池的另一个突出要求就是比能量要高,也就是说,在同样的重量下,电池的容量越大越好。在这方面,镍氢电池要比镍镉电池高出50%～100%,而锂电池又大大高于镍氢电池。

从实用角度出发,我们希望动力电池充电要方便,尤其是要具有快速充电的能力。在这一点上,镍系列电池可以做到以8C～10C的电流倍数快速充电;而对于锂电池,还远远达不到这个速度,目前基本上是 1C 倍数充电,少数可以以 2C 倍数充电。此外,耐过充电、过放电是对动力电池的另一个实用要求,在这方面,镍镉电池和镍氢电池的性能比较好,而锂电池则一旦过充电就会损坏。还有,低温下放电能力也是对动力电池的一项实用性要求。

电池的重复使用寿命也是对动力电池的一项重要要求。目前,许多镍镉电池、镍氢电池的充放电寿命可以达到 500 个循环以上,锂电池可以达到 100 个循环以上。电池的寿命很大程度上取决于其使用方法,须严格按照规定使用电池才能发挥出电池的最大寿命。

此外,还有对动力电池的核电保持率要求,即低的自放电、自漏电性能;另外,使用时的安全性和对环境的污染等也是应考虑的。

3. 镍系列电池

(1) 镍系列电池的一般特性

每节镍系列电池标称电压都是 1.2 V,而实际在充足电的情况下其空载电压可达到 1.4 V 以上。至今在各类电池中,镍镉电池的内阻仍是最低的,而镍氢电池的内阻已经能做得跟镍镉电池相当接近了。镍镉电池有明显的记忆效应,因此,镍镉电池每次使用完后,应随即把它的剩余电量放掉,在下次使用前再充满,或在下次充电前先放电,放完电再充电。镍系列电池具有足够好的安全性,即使因强制过充电而导致电池损坏,也没发生过严重事故。但是,镍镉电池对环境污染严重,因此,报废的镍镉电池应丢弃在指定地点;而镍氢电池则被公认为是绿色环保型电池。

(2) 镍系列电池规格型号

镍系列电池按形状尺寸可分为 SC 型($\phi22$ mm×43 mm)、A 型($\phi17$ mm×49 mm)、AA 型($\phi14$ mm×49 mm)和 AAA 型($\phi10$ mm×45 mm),此外还有更大的 C 型、D 型和 F 型以及更小的 AAAA 型。将其长度增减变化后派生出 2/3SC、1/2SC、7/5A、4/5A、2/3A、1/2A、4/5AA、2/3AA、1/2AA、1/3AA、2/3AAA 和 1/2AAA 等许多大小、容量不同的规格。使用最广泛的要算 2/3A 型电池。

(3) 镍系列电池的充放电特性曲线

图 8-27 所示为某种镍氢电池在不同温度下的充电特性曲线,由图可以看到,电池电压随充电电量呈波浪形上升,当注入量超过标称容量 120% 时,再充电电压值反而会下降;充电电压与温度有很大关系,温度越低,充电电压越高。图 8-28 所示为某种镍氢电池在 20 ℃ 以下不同倍率电流放电时的特性曲线,由图可以看出,在放电的起始阶段(放电量的前 20%),电压降落很快;之后(放电量的 20%～80%)一段时间里,电压变化比较平缓,这段比较平坦的曲线称为“放电平台”;到电量快要放光之前,电压又快速降了下来;放电倍率越高的电池,电压越低,放电平台也越发倾斜。

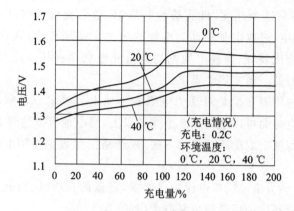

图 8-27 某种镍氢电池在不同温度下的充电特性曲线

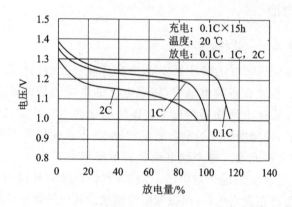

图 8-28 某种镍氢电池在 20 ℃下不同倍率电流放电时的特性曲线

（4）镍系列电池的充放电和保养

镍系列电池的充电速度可分为慢充、快充和急充（没有明显界限）。过去人们一直认为急充会损伤电池，但是事实证明，以较快速度充电不会对电池性能造成严重损坏，只是在充电容量方面会打折扣，但在爆发力方面丝毫不会比慢充电差。我们对镍系列电池的充电器要求不高，条件允许可用专用充电器，条件有限可用简易的甚至自制的充电器，这里就不详细介绍了。

不仅镍镉电池要经常放电，镍氢电池也有放电的需要。这里所谓的放电，并不是指真正地把电池的电量放光，这样会造成过放电，从而导致电池损伤，放电应放至电池电压明显快速下降的对应电压。放电除了可以用自动充电器之外，还可以把电池串联在带电机或电阻的电路上放电。

镍系列电池充电最好在冷态下进行，而放电又最好在热态下进行，因为这样会大大提高大电流放电能力。

镍镉电池要放光电保存。镍氢电池则存在两种不同的意见：一种是与镍镉电池一样的存放方式;另一种主张充满电保存。此外,在使用完毕后,应把电池从电池夹中取出,否则可能会因为电池漏液而产生腐蚀。

4. 锂电池的特性与使用保养

目前,在微小型飞行器上使用的锂电池每个单体的标称电压是 3.7 V。锂离子电池由于内含液体,所以用金属壳密封;而锂聚合物电池则由于其基质为聚合物形态,不含流质,所以只需要在外加 1~2 层绝缘物包装即可。

锂离子电池目前的安全放电倍数仅为 4C~5C,而锂聚合物电池已经能做到 20C 以上,可见,锂聚合物电池的放电能力明显要比锂离子电池强。此外,锂聚合物电池的比能量与安全性都要优于锂离子电池,因此,现在所说的锂电池一般都是指锂聚合物电池。

锂电池同镍系列电池相比,有漏电小以及没有记忆效应两大优点,但在使用的安全性方面却比不上镍系列电池。因为锂离子电池容易因过充电而发生爆炸,锂聚合物电池虽然过充电或过放电发生的损坏没有殃及周围的危险性,但也会膨胀变形。不过,相对来说,锂聚合物电池比锂离子电池要安全一些。

锂电池的最大放电倍率虽然比不上镍系列电池,但它的比能量大,在使用上可以充分发挥这一优势来实现大功率放电。

锂聚合物电池的充电和放电特性如图 8 - 29 和图 8 - 30 所示。

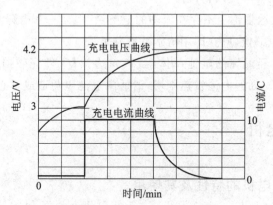

图 8 - 29　锂聚合物电池的充电电压与电流曲线

最后,介绍使用锂电池时需要注意的事项,如下:

① 充电。用专用的锂电池充电器进行充电,充电电流不能大于电池容量的 1C,充电截止电压为单体(Cell)(4.20±0.05)V,不正确的充电方式可能导致锂电池损坏、冒烟、发热或燃烧。为保证充电过程中的安全,要将电池远离可燃物体,并且要在有人看管的情况下充电。

② 放电。在选配动力系统时应尽量使动力系统的最大电流不超过电池的最大

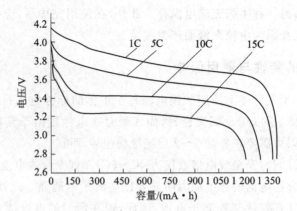

图 8-30　锂聚合物电池的放电特性曲线

放电能力,超过电池的最大放电能力放电或者使电池过量放电(单体 2.75 V 以下)都会导致电池鼓胀,从而使电池寿命受到影响以至损坏。

③ 保存。锂电池的自放电率高于镍氢电池,长期保存,容易过度放电,所以要定期检查电压,使之单体电压维持在 3.6～3.9 V 之间。保存条件:温度 -20～+35 ℃,相对湿度 45%～85%。

④ 不能把锂电池与尖利、导电的物体放在一起,以避免刺穿电池或造成电池短路,同时应避免电池与其他硬物碰撞。

⑤ 锂聚合物电池理论上不存在流动的电解液,但万一有电解液泄漏而接触到皮肤、眼睛或身体其他部位,应立即用清水冲洗并就医。

⑥ 禁止使用已经损坏的电池单体(封口封边损坏、外壳破损、闻到电解液的气味、电解液泄漏等)。如遇电池发热剧增,请远离电池以免造成不必要的伤害。

8.7.2　动力电机

1. 直流永磁电机的特性及其使用

(1) 基本结构及工作原理

直流永磁电机(以下简称"直流电机")的基本组成包括转子、定子和电刷,见图 8-31。转子上除了硅钢片铁芯和绕在它上面的线圈之外,还有一个圆柱形换向器,换向器由互相靠得很近而又相互绝缘的铜制换向片构成,换向片的数目与绕组的数目相等,通常为 3 个,称为三极式,高级的电机也有 5 极和 7 极的,不能取双数。电子外壳都用铁制成,既起支架作用,又可与瓦形磁钢一起形成磁回路。两块磁钢以不同的极性相对设置,为定子。转子线圈的每一组引出线首尾相连,形成封闭回路,每个接头又分别与对应的换向片相连接。除了定子和转子以外,电机的另一重要部件是一对电刷,实现在转动过程中电流的换向,从而驱动转子连续转动。电机具体的工作原理在此不详述。

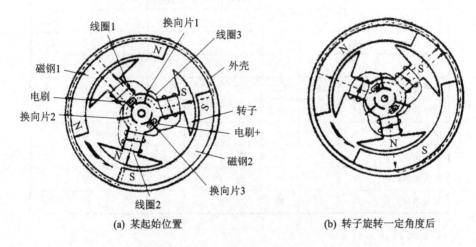

(a) 某起始位置　　　　　　　　　(b) 转子旋转一定角度后

图 8 - 31　直流电机的工作原理

(2) 常用直流电机的品种规格及其选用

直流电机的磁钢材料有稀土磁钢和铁氧体两种,目前所用的大部分都是铁氧体磁钢。表 8 - 6 列出了我国常用的铁氧体电机的部分技术数据。

表 8 - 6　我国常用的铁氧体电机的部分技术数据

系列号	600 550	540	480	400 380	370	180	130	CN - 12	030
外径/mm	35.7	35.7	27.7	27.7	24.4	20	20	12	15.3
长度/mm	57	50	47	37.8	30.8	32	25	30	18.8
质量/g	208~215	148~173	98~104	62~80	44~51	32~33	17~22	15.6	10.5
轴径/mm	3.17	3.17	2.3	2.3	2	2	2	1.5	1.5
使用电压/V	7.2~9.6	7.2~9.6	7.2~9.6	7.2~9.6	6~8.4	4.8~7.2	3.6~4.8	3.6~4.8	3.6~4.8
最大电流/A	18	15	12	10			2.8~3	3	2

因为稀土磁钢的磁场强度要大大高于铁氧体磁钢,所以高级的电机通常采用稀土磁钢。稀土磁钢电机的工作效率比铁氧体电机高出 10% 以上,高级优质的稀土磁钢电机为钐钴磁钢电机;价格较为低廉的为钕铁硼磁钢电机,缺点是在高温条件下会逐渐衰退。表 8 - 7 列出了部分国产钐钴磁钢电机的参数。

表 8 - 7　部分国产钐钴磁钢电机的参数

系列号	400		480		05				
型　号	4011	4014	4809	4812	0504	0505	0506	0507	0510
外径/mm	27.7	27.7	29.5	29.5	33.5	33.5	33.5	33.5	33.5
长度/mm	50	50	53	53	64	64	64	64	64
轴径/mm	3.17	3.17	3.17	3.17	4	4	4	4	4
质量/g	103	103	117	117	197	197	197	197	197
绕组卷数	11	14	9	12	4	5	6	7	10
镍电池数	7	7~8	7	7~9	7	7	7~8	8~10	10
空载电流/A	4	3.5	3.5	2	6.8	4	4	3.5	12
最大电流/A	30	20	30	20	8	50	50	40	3
最大效率/%	75	75	75	73	60	76	76	76	76

（3）电机的特性曲线

图 8 - 32 所示为直流电机 FRS - 380PML - 5S27C 型的特性曲线。

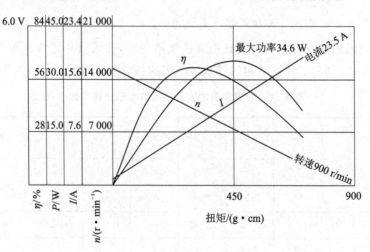

图 8 - 32　直流电机 FRS - 380PML - 5S27C 型的特性曲线

　　先看转速-扭矩的关系曲线：当扭矩 $Q=0$ 时，转速 n 为最大值，表示电机在不加任何负载时转速最高，这个转速称为空载转速 n_0，图 8 - 32 所示的电机在 6 V 条件下 $n_0=15\ 000$ r/min，而随着 Q 的增大，n 呈线性下降，直到负载增大到某一数值时，电机停止转动，这时的扭矩成为电机在该电压下的堵转力矩。

　　再看电流-扭矩的关系曲线：$Q=0$ 的电机电流称为空载电流，随着 Q 逐渐增大，电流 I 呈线性上升，直到电机被堵转时 I 达到最大值。

从效率-扭矩的关系曲线看,工作效率最高点对应的工作状态称为最大效率工况或额定工作点。

(4) 直流电机使用中的若干具体问题

① 电火花干扰问题。由于电刷与换向片之间反复接触和分离时电流会正反变换方向,从而引起的电火花会对无线电接收机产生电磁干扰。一般情况下,这种干扰不大,通常只需接上几个高频电容就可以把它短路吸收掉。

② 关于电机的磨车。磨车可以使电刷和换向器之间配合得更好,减小摩擦阻力和接触电阻,减小电火花及其对换向器表面的污染,延长电机寿命。电机磨车的方法:电机在不安装螺旋桨的情况下接电运转一段时间即可。若要反向旋转使用或更换电刷,则需要重新进行磨车。

③ 电机进角及其调整。在电机的横截面上,两块磁钢的中心连线和一对电刷的中心连线的夹角称为电机进角。一般通用的电机进角为 0°,这样电机即可正转又可反转。对于高级电机,其进角可以根据不同的飞行要求进行调整。

2. 无刷电机

近几年,无刷电机(见图 8 - 33)在微小型飞行器上得到了广泛应用。它的主要优点是:效率好、输出功率大且重量轻。由于没有电刷,节省了其与换向器间因为摩擦而消耗的功率以及接触电阻消耗的功率,减轻了因发热导致电机性能的下降,因此,它的工作效率通常比常规直流有刷电机高出 10% 以上。此外,无刷电机还具有不会产生电火花,以及低噪声、长寿命等优点。

(a) 外转子无刷电机　　　　　　　　　　　　(b) 内转子无刷电机

图 8 - 33　无刷电机

(1) 工作原理

无刷电机的动力电池虽然也是直流的,但是它不能直接依靠直流电源运转。加在无刷电机 3 个电源输入头上的是三相交流电,该三相交流电来自专用的无刷电机控制器的三相交变的矩形波。

在结构上,无刷电机与常规直流电机相反,后者的磁钢同电机外壳连在一起为定子,线圈及其支架为转子,而无刷电机的磁钢及其支架为转子,线圈则是定子。无刷电机能够运转起来是依靠它周围定子线圈中的电流变化来产生一个旋转磁场,在这个旋转磁场的作用下,转子才能转动起来。为了形成旋转的磁场,无刷电机的定子线圈和三相交流电机一样,被绕成三相绕组,来自无刷电机控制器的三相交变矩形波就加在这三个绕组的输入端上。无刷电机控制器的英文名称是 brushless motor controller,因此一般称为无刷电机调速器(简称无刷电调)。

(2)结构类型

无刷电机可以按是否带传感器分类。传统的无刷电机控制器主要用霍尔传感器来为无刷电机做换相检测,电机内装有转子位置传感器,以感知转子位置并提供控制信号,使驱动极实现正确的换相。现在,在微小型飞行器上应用的电动式动力系统采用新的控制方法,不需要安装转子位置传感器,而是采用特定的软件,使电机按预定程序启动,并检测出转子磁极的位置,实现正确换相。这种无刷电机控制器被称为无传感器的速度控制器(ESC)。

无刷电机还可以按结构分为内转子和外传子两类。近几年,外转子无刷电机取得迅速发展,这种电机的磁钢分布在定子线圈的外面,通常有许多对(7对居多),通过支架与转轴连成一体,因而工作时整个外壳都在转动。外转子电机的直径相对较大,性能特点是转速低、扭矩大,可以不采用齿轮减速器而直接带动大尺寸的螺旋桨。

无刷电机的磁钢也有铁氧体磁钢与稀土磁钢之分。高品质的无刷电机是用稀土磁钢制造的。

(3)无刷电机的性能指标和特性

无刷电机由于在近几年才迅速发展起来,因此在国际上还没有形成统一的标准命名方法。以我国的华迈公司生产的电机为例,它的产品可以分为 A、B 和 C 三个系列,其中 A 和 B 系列都是内转子无刷电机,C 系列是外转子无刷电机。华迈电机的主要性能指标如表 8-8 所列。

表 8-8 华迈电机参数

型　号	KV 值	外径/mm	长度/mm	轴径/mm	质量/g	电池节数(镍氢)	加载电流/A	最大电流/A	空载电流/A
A28-15-2	4 000	28	36.5	3.17	86	6～8	5～25	30	4.3
A28-15-3	3 000	28	36.5	3.17	86	6～10	5～18	28	2.2
A28-15-4	2 000	28	36.5	3.17	86	6～12	5～20	25	1.6
A28-15-6	1 400	28	36.5	3.17	86	6～18	5～15	20	1

型　　号	KV 值	外径/ mm	长度/ mm	轴径/ mm	质量/g	电池节数 （镍氢）	加载电流/ A	最大 电流/A	空载 电流/A
A36 - 15 - 2	3 200	36	41.5	5	140	6～10	5～35	40	3.3
A36 - 15 - 3	2 100	36	41.5	5	140	6～12	5～30	35	2.1
A36 - 15 - 4	1 600	36	41.5	5	140	6～18	5～25	30	1.8
A36 - 30 - 2	1 500	36	54	5	228	6～8	5～35	40	2.5
A36 - 30 - 3	1 000	36	54	5	228	6～12	5～30	35	1.7
A36 - 30 - 4	780	36	54	5	228	6～20	5～25	30	1.1
A36 - 45 - 2	1 170	36	68.5	5	295	6～16	15～35	40	3.1
B20 - 15 - 19	2 800	20	31	2	46	6～18	2～5	6	0.4
B20 - 15 - 15	3 600	20	31	2	46	6～16	2～8	6	0.5
B20 - 15 - 12	4 100	20	31	2	46	6～18	2～5	6	0.6
B20 - 15 - 10	5 400	20	31	2	46	6～14	2～6	8	0.7
B20 - 15 - 8	6 800	20	31	2	46	6～10	3～8	10	1.2
B20 - 15 - 6	9 200	20	31	2	46				1.5
B20 - 25 - 12	2 700	20	41	2	67	6～20	2～10	15	0.9
B20 - 25 - 10	3 200	20	41	2	67	6～14	2～11	17	0.9
B20 - 25 - 9	3 700	20	41	2	67	6～12	2～15	18	0.8
B20 - 25 - 8	4 200	20	41	2	67	6～12	2～13	18	1.2
B28 - 25 - 4	5 500	28	47	3.17	141	6～10	2～15	20	3
B28 - 25 - 6	3 600	28	47	3.17	141	6～10	5～25	30	1.8
B28 - 25 - 8	2 700	28	47	3.17	141	5～16	5～23	28	1.1
B28 - 25 - 10	2 300	28	47	3.17	141	6～25	5～20	25	0.9
B36 - 18 - 6	4 500	35.5	44	3.17	192	6～10	10～40	50	4.5
B36 - 18 - 8	3 000	35.5	44	3.17	192	6～16	5～30	35	2.1
B36 - 18 - 9	2 600	35.5	44	3.17	192	6～16	5～30	35	
B36 - 18 - 10	2 300	35.5	44	3.17	192	6～25	5～25	30	1.1
C28 - 04 - 50	1 380	27.8	22	3.175	25	6～8	2～5	6	0.4
C28 - 08 - 20	1 700	28	24.5	3.175	44	4～8	8～12	13.4	0.9
C28 - 08 - 26	1 360	28	24.5	3.175	44	6～8	5～9.6	10.7	0.7
C28 - 08 - 34	1 060	28	24.5	3.175	44	6～10	4～7.2	8	0.5
C28 - 12 - 20	1 200	28	28.5	3.175	56	6～10	8～12	13.4	0.7

型　号	KV值	外径/mm	长度/mm	轴径/mm	质量/g	电池节数（镍氢）	加载电流/A	最大电流/A	空载电流/A
C28 - 12 - 26	900	28	28.5	3.175	56	6～10	5～9.6	10.7	0.5
C28 - 12 - 34	740	28	28.5	3.175	56	6～10	4～7.2	8	0.4
C28 - 16 - 14	1 220	28	33	4	72	7～10	15～18	21.4	1.3
C28 - 16 - 16	1 100	28	33	4	72	7～10	13～17.5	18.7	1.2
C28 - 16 - 18	950	28	33	4	72	7～10	11～15	16	1.0
C28 - 16 - 20	890	28	33	4	72	7～10	8～12	14	0.8
C28 - 20 - 12	1 200	28	37	4	84	7～10	15～20	24	1.4
C28 - 20 - 14	1 020	28	37	4	84	7～10	15～18	21.4	1.1
C28 - 20 - 16	890	28	37	4	84	7～10	13～17.5	18.7	0.9
C28 - 20 - 20	720	28	37	4	84	7～10	8～12	14	0.6
C32 - 20 - 10	1 290	31.6	42	4	110	7～10	15～33	37.4	2.8
C32 - 20 - 12	1 050	31.6	42	4	110	7～10	15～29	32	1.8
C32 - 23 - 10	1 200	31.6	42	4	125	7～10	15～33	37.4	2.3
C32 - 23 - 12	950	31.6	42	4	125	7～10	15～29	32	1.7
C35 - 08 - 18	1 535	35	32	4	80	6～8	10～20	25	2.0
C35 - 08 - 20	1 370	35	32	4	80	7～10	10～20	25	1.8
C35 - 08 - 22	1 240	35	32	4	80	7～10	10～18	22	1.4
C35 - 08 - 24	1 150	35	32	4	80	7～10	10～18	22	1.2
C35 - 08 - 28	1 030	35	32	4	80	7～10	8～16	20	1.1
C35 - 08 - 30	935	35	32	4	80	8～12	8～16	20	0.9
C35 - 10 - 16	1 350	35	32	4	90	7～10	10～20	25	1.6
C35 - 10 - 18	1 220	35	32	4	90	7～10	10～20	25	1.4
C35 - 10 - 20	1 100	35	32	4	90	7～10	10～18	22	1.2
C35 - 10 - 22	1 010	35	32	4	90	7～10	10～18	22	1.0
C35 - 10 - 24	910	35	32	4	90	8～12	8～15	20	0.9
C35 - 14 - 10	1 550	35	42	5	135	6～8	20～38	42	2.7
C35 - 14 - 12	1 300	35	42	5	135	7～10	20～35	38	2.0
C35 - 14 - 14	1 100	35	42	5	135	7～10	20～29	35	1.9
C35 - 14 - 14	1 180								2.1
C35 - 20 - 8	1 435	35	48	5	165	5～8	25～45	50	4

型　号	KV 值	外径/ mm	长度/ mm	轴径/ mm	质量/g	电池节数 （镍氢）	加载电流/ A	最大 电流/A	空载 电流/A
C35 - 20 - 10	1 100	35	48	5	165	6～10	25～30	40	2.2
C35 - 20 - 12	920	35	48	5	165	10～14	15～25	35	1.9
C35 - 26 - 10	870	35	54	5	185	10～16	25～35	45	1.6
C35 - 26 - 12	730	35	54	5	185	10～18	15～30	40	1.1
C35 - 28 - 8	1 300	35	54	5	195	6～8	25～60	70	2.6
C35 - 28 - 8	1 000	35	54	5	195	10～16	25～40	48	2.6
C35 - 28 - 10	800	35	54	5	195	10～16	25～35	45	1.7
C42 - 20 - 12	900	42.5	48	5	205	8～12	25～45	60	2.5
C42 - 20 - 14	770	42.5	48	5	205	10～14	18～40	60	2.0
C42 - 20 - 16	690	42.5	48	5	205	10～18	18～40	55	1.6
C42 - 20 - 18	630	42.5	48	5	205	10～18	18～40	55	1.3
C42 - 30 - 10	715	42.5	58	5	280	10～18	25～45	60	2.5
C42 - 30 - 12	610	42.5	58	5	280	10～18	25～45	60	1.9
C42 - 30 - 14	520	42.5	58	5	280	16～20	18～40	60	1.6
C42 - 30 - 16	460	42.5	58	5	280	16～22	18～40	60	1.3
C50 - 18 - 20	530	50	53	6	275	16～20	25～40	50	2.1
C50 - 20 - 14	670	50	55	6	300	12～16	25～40	55	2.0
C50 - 20 - 18	510	50	55	6	300	16～20	25～40	55	1.7
C50 - 30 - 16	390	50	65	6	390	16～24	18～40	60	1.9

注：A、B 系列为内转子，C 系列为外转子。

　　与电动式动力系统相关的除了动力电池和动力电机以外，还包括一些配套的专用设备，如镍系列电池、锂电池充电器，无刷电机的电子调速器以及电子调速器的编程卡，电流表、电压表和转速表等，在此不做详述，读者可以参考相关说明书。

第9章 样机的试飞

9.1 遥控器的功能及使用

9.1.1 遥控器的分类

遥控器按通道数可分为四通道、九通道、十四通道等,按编码方式可分为 PPM、PCM。遥控器还可分为普通设备和电脑设备两种。

遥控设备中,接收机常用的有 3 种接收高频信号的方式:直放式接收机、一次变频接收机和二次变频接收机。

9.1.2 遥控器的基本功能

普通设备只具备遥控器的基本功能,目前用于样机的遥控器一般至少具有 4 个通道,分别控制油门、副翼(滚转)、方向舵(偏航)和升降舵(俯仰),从而操纵飞机加减速、滚转、偏航、爬升和下降。另外,还有 4 个机械式微调和 4 个逆转开关,分别对应每个通道。普通设备不具有混控功能,在调整上比较烦琐,甚至无法完成某些设置。而电脑设备有很多附加功能,还可以编程,调整很方便。电脑设备一般有一个液晶屏幕,可以很直观地看到设置结果。电脑设备还可以记忆多组飞机的数据,这样飞不同的飞机时就不需要重新调整了,只需要在菜单里切换到相应的记忆组就可以了。

9.1.3 遥控器的设置

现在以使用最为普遍、功能也很全面的 FF9 为例来介绍遥控器的使用方法。图 9-1 所示为 FF9 的操作面板。其中,长按左上角的 Mode/Page 键可以进入基本菜单,再按一下可以进入高级菜单。左下角的 End 键为退出键。右边的两个 Select

键可以进行主菜单的切换。右边的转盘可以旋转切换光标的位置,按下则表示确定。特别需要强调的是,修改重要的项目时需要长按,比如记忆组 MODEL、编码方式等。图 9 - 2 所示为 FF9 的基本菜单。

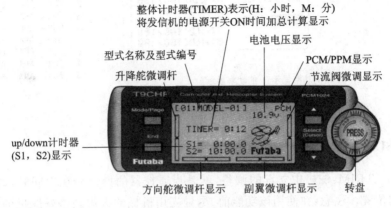

整体计时器(TIMER)表示(H：小时，M：分)
将发信机的电源开关ON时间加总计算显示
电池电压显示
型式名称及型式编号
升降舵微调杆
PCM/PPM显示
节流阀微调显示
up/down计时器
(S1，S2)显示
方向舵微调杆显示　　副翼微调杆显示　　转盘

图 9 - 1　FF9 的操作面板

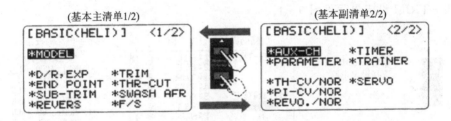

(基本主清单1/2)　　　　　　　　　　　　　(基本副清单2/2)

图 9 - 2　FF9 的基本菜单

如图 9 - 2 所示,主、副菜单的切换通过 Select 键来实现,光标的移动通过旋转转盘来实现,按转盘可以进入相应的设定选项。下面将介绍如何使用 FF9 的基本功能。

1. END POINT 的使用

END POINT:调整舵机行程量,就是调整舵机可以旋转的最大角度。一般来说,当 END POINT 为 100％时,舵机可以在±60°的范围内转动。另外,舵机正逆旋转的行程可以不同。Futaba 的 FF9 可以调整舵机到 140％的行程,JR 的 9X 可以调整舵机到 150％。使用该功能的注意事项是:舵机和舵面的传动比。所谓传动比,就是舵机遥臂和舵面遥臂长度的比值,若传动比大,在相同舵机偏转角下,舵面的偏角就会很大。而通常情况下,我们不需要这么大的舵量,这时通过调小 END POINT 就可以解决,但这会增加舵机的负荷。因此,正确地做法是减小传动比,尽量充分利用舵机行程,FF9 的 END POINT 设定界面见图 9 - 3。

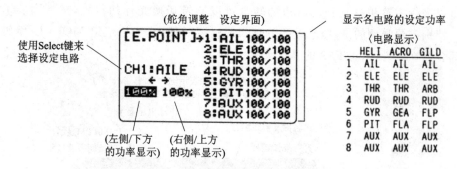

图 9 - 3　FF9 的 END POINT 设定界面

2. SUB - TRIM 和 TRIM 的使用

SUB - TRIM：舵机中立点的调整，就是当遥控器的操纵杆在中间时，调整舵机上舵盘的位置。注意：在使用该功能前，尽量先用机械的方法调整好舵机的中立点，在中立位置时，舵机摇臂尽量与连杆垂直，以保证两边的操纵是对称的。FF9 的 SUB - TRIM 设定界面见图 9 - 4。

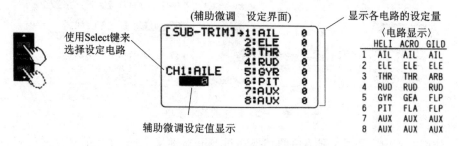

图 9 - 4　FF9 的 SUB - TRIM 设定界面

TRIM：微调，就是调整中立调整开关每动一下的步进量。首飞时要把微调的步进量调整到 4~5，也就是说，如果飞机起飞后偏斜较大，则可以很快地通过中立调整开关调整过来。FF9 的 TRIM 设定界面见图 9 - 5。

对低端的 4 通道设备来说，并无 TRIM 功能，但一定有 SUB - TRIM 功能，而且是机械式的。

3. REVERSE 的使用

REVERSE：舵机反向功能，即可以改变操纵时舵机的旋转方向。如果舵面反向，则需要用此功能修正。对低端的 4 通道设备来说，反向由逆转开关控制，这是设备必不可少的功能。FF9 的 REVERSE 设定界面见图 9 - 6。

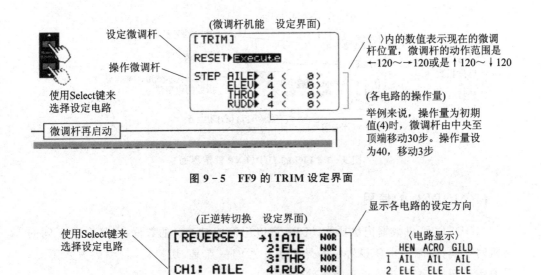

图 9-5　FF9 的 TRIM 设定界面

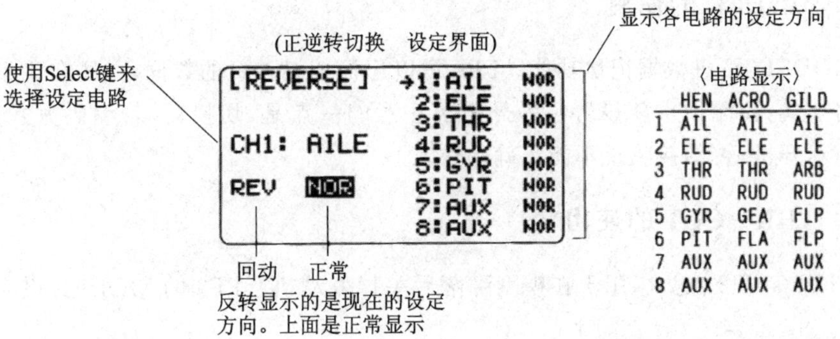

图 9-6　FF9 的 REVERSE 设定界面

4. D/R 的使用

D/R:双重比率,俗称大小舵角,用于不同灵敏度的操纵。大舵角时,舵机的行程大;小舵角时,舵机的行程小,因此,操纵的灵敏度也就有所不同。首飞时,因为对飞机的操纵性还不是很了解,若舵机行程小,可能操纵量不够,行程大又会导致操纵过于灵敏,因此,最好设置 D/R,以便需要时切换。至于大小舵角的切换,FF8 等老设备和 JR 的设备都是需要用开关来切换的,也可以利用操纵杆的位置来切换,只有FF8-Super、FF9、T9Z 这些设备有此功能。切换设置的方法是,当操纵杆在中立位置到 97% 之间活动时,以小舵角来操纵,当超过 97% 后自动切换为大舵角。

5. EXP 的使用

EXP:指数曲线,就是调整操纵杆的动作和舵机盘的动作之间的对应关系。对FF9 来说,通常把副翼、升降舵、方向舵的 EXP 设置在 $-15\%\sim-40\%$ 之间。注意:若 EXP 设置为负值,则舵面在中立点附近较迟钝;相反,若设置为正值,则在中立点附近较为灵敏。一般来说,应设置为负值,以便能够精确操纵飞机。FF9 的 D/R,EXP 设定界面见图 9-7。

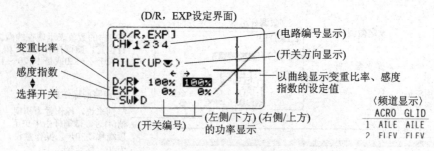

图 9-7　FF9 的 D/R,EXP 设定界面

6. MODEL 的使用

MODEL:飞机数据记忆功能。FF9 可以记忆 8 架飞机的数据,方便在飞不同的飞机时切换,而无须重新设置。另外需要注意的一点是,切换后,若编码方式不对,需要重新开机,否则接收机不能正确动作。

7. THR‑CUT 的使用

THR‑CUT:熄火,用于在模型降落后关掉发动机。FF9 的 MODEL 设定界面见图 9‑8。

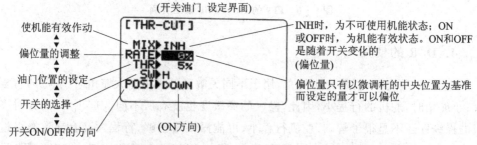

图 9‑8　FF9 的 MODEL 设定界面

9.1.4　设备的使用和维护

1. 地面检测

(1)电源检查及充电

对镍镉电池须进行合理的充电。首次充电,充电电流应控制在电池容量的 $\frac{1}{10}$。

比如 500 mA·h 的电池,充电电流应为 50 mA。第一次充电时间是 19～18 h,以后每次只充 14 h。

新电池进行两次充、放电之后才能正式投入使用,这样可以保证电池容量和寿命达到规定标准。由于镍镉电池和镍氢电池具有较严重的记忆效应,因此一定要使电压降至单节平均电压 1.1 V 时再进行第二次充电。

(2) 开机检查

首先将发射机天线全部拉出,打开电源开关。将接好伺服舵机的接收机电源接通,舵机应回到中立位置。拨动操纵杆和微调手柄,相应舵机应有动作,并且很顺畅,也无动作不连续的现象,各通道也不互相干扰,说明发射机和接收机工作基本正常。如果伺服舵机既声音均匀、转动平稳、没有卡点,加上适当负载转动速度也没有明显变化,则可以初步断定舵机工作是正常的。

(3) 拉距离实验

每次拉距离时,接收机天线和发射机天线的位置必须相对固定。原则是接收机在输入信号较弱的情况下也能正常工作,此时才能认可是可靠的。具体方法是:接收机天线水平放置,指向发射机位置,而发射机天线则指向接收机位置。这时接收机天线所指向的方向,由于电磁波辐射的方向性,是场强最弱的区域。

新设备进行拉距离实验时,应先用短天线(一节)记下它的最大可控制距离,作为以后例行检查时的依据;然后再将天线全部拉出,逐渐加大遥控距离,直至出现跳舵。当天线只拉出一节时,应在 30～50 m 之间工作正常。

所谓工作正常的标准,是舵机不出现抖动。如果舵机不断地出现抖动,则应立即关闭接收机,这时的距离刚好超过地面控制的有效距离。

2. 设备的安装

通过以上检查,工作全部正常的设备就可以进行安装了。在装有内燃机的模型上使用时,还必须尽可能地采取防震措施,否则,将在整机试验和日后的飞行中埋下隐患。

(1) 电池的安装

电池在模型受到冲击时惯性最大,对其他部件的威胁也严重,因此要把它放在重要部件的前面。在样机上,有时为了调整重心位置而不得不将电池后移时,也一定要固定牢固,否则,等于在后面放了一颗小小的定时炸弹。另外,不能因为电池外壳的坚固而忽视对它的减震,它和其他部件一样,也应当用泡沫塑料包裹,尽量减小振动,以免电池内部或引线部分受到剧烈振动而损坏。

(2) 接收机的安装

先用泡沫塑料包好,放在不受挤压的地方;然后用固定在机身上的橡筋条或尼龙搭扣把它不松不紧地固定好。天线在接收机的引出点不能受力,以免被折断,可以在引出的地方套上一小段油管。天线的其余部分放在机身内或机身外都可以,但不能打圈,要尽量拉直。不能将天线剪短,更不要用普通导线替换原来的天线。商品接收机上的天线是采用特殊导线制成的,它不但柔软结实,而且股数特别多。另外,天线一定不能穿在有屏蔽作用的物体内,比如铝管和碳管,否则会严重缩短接收距离。

(3)电源开关的安装

接收机电源开关要按照说明书规定的方法安装。如果直接安装在机身上,一定要把扳键的孔开得足够大。如果孔开得太小,开机后扳键没有到达锁紧位置,就有可能自动退回关机位置,造成彻底失控。如果安装在机身内,用钢丝推拉开关的,则一定要能拉或推到锁紧位置。对于使用内燃机的微小行飞行器来说,这一点尤为重要。对于振动较大的模型,还应当考虑开关的减震措施,否则开关内部的弹性铜片会因长期振动而失去弹性,造成接触不良,酿成飞行事故。

(4)伺服舵机的安装

舵机在使用中的可靠性和使用寿命,直接与振动情况有关。因此,制造厂家在设计舵机时已经充分考虑到防震措施。有的使用了特殊的避震结构,在安装上也规定了合理的方法,使舵机在正常振动的情况下能够可靠地工作。不同厂家的舵机,安装方法也各有所异,而且只提供特定的减震垫和紧固件,所以必须按照厂家规定的方法安装。

在使用内燃机的模型上,舵机安装完毕后,只能通过橡皮垫圈与安装架固定,不能直接与机体或安装架相碰,这一点要特别注意。紧固舵机的自攻螺丝,拧得松紧程度要适当,既不能发生松动,也不能把橡皮垫圈压扁。

(5)伺服舵机与舵面的连接

连接可以用软钢索,也可以用硬连杆连接。用软钢索连接时,没有连杆振动的影响,对延长舵机的寿命和保持舵面中立位置的稳定有好处。其缺点是传动间隙大、弹性大,受载能力小。

硬传动的好处是传动间隙可以做得很小,传动精度高,但受振动的影响比较大。在使用内燃机的模型上,连杆的抖动将会大大缩短舵机寿命。当模型受到剧烈冲击时,因连杆的惯性也可能会使舵机受到损坏。所以,在制作硬传动的连杆时,要尽量减轻重量,并保证足够的刚性。

连杆或钢索与舵机连接的接头,可以用钢丝弯成 Z 形,直接穿入舵机摇臂,然后再将摇臂固定在舵机上。注意,钢丝与舵机摇臂接触的一段不能有毛刺或被夹扁,不然摇臂孔会很快被磨损变大,造成大的传动间隙。

连杆或钢索与舵面摇臂的接头,不仅应当可靠,还应考虑拆装方便,并且可以调整连杆的长度。金属接头或尼龙接头都可以使用,但要避免两个连接件都是金属制品,以防万一出现静电打火而引起跳舵。

(6) 舵机摇臂的正确选用

有人认为一些舵面,例如副翼,在飞行中产生的气动力并不算大,为减轻重量而将摇臂强度削弱,这是非常危险的。因为在飞行中,尽管气动力并不算大,但如果连杆或模型强度不够,则完全有可能发生颤振。这时舵机摇臂所承受的力是相当大的,因此不能随便削弱舵机摇臂的强度。

3. 遥控设备的维护与修理

(1) 日常维护

1) 保证电源工作正常

严格掌握正确的充电方法,避免过放电和过充电,保证电源可靠地工作,这是确保飞行安全的重要环节。过放电往往发生在发射机上,主要是疏忽大意,忘记关机而造成的。过充电的原因很多,例如缺乏对镍镉电池性能的了解,或是放电时间不够,为了第二天飞行就又进行充电。这样反复进行过充电将使电池很快损坏。

需要强调的一点是,每次充电之后都要测量电压,以便及时发现因停电、电压不足、插头接触不良等意外情况而造成的充电不足。如果在正常充电之后所能达到的最高电压数值一次比一次低,而且放电时间也明显缩短,则应立即换新电池。

2) 保证传动系统的可靠性

对舵面摇臂、连杆接头、各种销钉和紧固件,应随时进行检查。无论什么时候,都不能存有侥幸心理。

3) 随时核对舵面中心位置

对全部舵面的中心位置应有准确的记载,以便随时进行核对。一旦发现发射机微调位置未变而舵角变化时,必须立刻停飞检查。因为这意味着出现了接收机电压不足,传动系统的接头或摇臂松动、脱落,舵面和安装架开胶等故障,要在排除之后才能继续飞行。

4) 定期和不定期检查

在飞行数十个起落之后,应对设备进行定期检查;在模型受到剧烈冲击之后,应对设备进行不定期检查。

(2) 地面故障的判断与排除

1) 发射机无输出信号

接通发射机电源,接收机收不到信号,这时如果连电源电压也测量不出来,就很可能是电源保险丝烧坏了,此时换一个相同规格的新保险丝就能正常工作,说明原来的保险丝质量不好。如果换上新的保险丝也立即烧毁,则说明发射机内部有短路或损坏,要打开机壳,进行全面检查和修理。如果是机器本身有问题,则可以更换高频头,但需要有相同频率的石英晶体。如果仍然不行,就可能是编码部分有问题,只能更换损坏的零件。

2)发射机工作正常,接收机收不到信号

首先检查发射机和接收机的工作频率是否配套。在石英晶体的外壳上都标明了频率数字,它们应当是相同的,但千万不能互相插错。

发射机的晶体上标有"T",接收机的晶体上标有"R",它们的实际工作频率相差一个中频,插错了将无法工作。频率核对无误,则应确定接收机是否处于工作状态。方法是将电源接通,或将舵机插入接收机插座,此时舵机应有转动声。如果毫无动静,接收机就可能没有工作。这时应再次检查电源插头在接收机上所插的位置是否正确。特别是几种型号的插头混合使用时,必须认真核对插头的极性是否一致。这个位置在接收机上多用字母"B"或"BATT"标明。如果没有插错,就检查电源是否畅通。假如以上检查都没有问题,则只好打开外壳进行检查,看看是否有断线、短路的现象。

3)遥控距离不够

首先观察发射机电量的指示,如果指示低于正常范围,就重新充电或更换新电池。如果电源没有问题,就检查天线接触是否可靠。一般情况下,若天线接触不良,则电平表的指示也将受到影响。如果电源、天线都没有问题,则可以换一个相同频率的高频头或石英晶体试一试。

9.2 试飞前的检查、调整和注意事项

9.2.1 试飞前的检查

我们将飞机划分为机体结构、操纵系统和动力系统三部分,在试飞前,需要对这三部分分别进行全面检查。

1. 机体结构

重点检查以下内容:
① 主承力结构:机翼、主梁等;
② 起落架;
③ 重要连接处。

2．检查操纵系统

操纵系统又可分为机械部分和电子设备，其中，对机械部分，主要检查：

① 舵面和机体的连接；

② 舵角和舵面的连接；

③ 连杆和舵角及舵盘的连接；

④ 舵盘和舵机的连接；

⑤ 舵机的固定。

对电子设备，主要检查：

① 接收机电池电量：用万用表测量电压；

② 重要插头的接触；

③ 舵机转动方向是否正确；

④ 舵机中立点和行程；

⑤ 遥控器电量；

⑥ 遥控器控制距离：不拉天线的情况下要有 15～20 m 的控制距离；

⑦ 通电检查各舵机的运转：各舵机运转顺畅，无卡位或不连续等现象。

3．检查动力系统

动力有电动和油动之分，其中，对电动动力系统，主要检查：

① 电池电量；

② 重要插头；

③ 电机的固定；

④ 螺旋桨的安装；

⑤ 全油门运转一会儿后的电机、电子调速器和电池温度。

对油动动力系统，主要检查：

① 发动机的固定；

② 螺旋桨的安装；

③ 燃油量；

④ 油路是否畅通；

⑤ 油管是否破裂；

⑥ 发动机的运转，包括怠速是否稳定，动力是否充足，响应是否迅速。

9.2.2 试飞前的调整

1. 重心的调整

飞机的重心必须在允许范围内,若头轻,则会很难操纵,甚至俯仰方向不稳定;若头重,则配平阻力大,严重时无法起飞。重心的调整可以通过移动较重的设备来实现,比如调整电池的位置。在没有进行精确计算的情况下,可以参考以下准则来初步调整重心位置。

(1) 机翼翼型的影响

① 单翼面:低速,重心距机翼前缘 50% 弦长处。

② 克拉克 Y 型:中速,重心距机翼前缘 30%~33% 弦长处。

③ 半对称或全对称:中或高速,重心距机翼前缘 27%~30% 弦长处。

④ 流线薄翼型:高速,重心距机翼前缘 25%~30% 弦长处。

(2) 机翼几何外形的影响

① 矩形翼:重心在距机翼前缘 30% 弦长处为准,适合中速机型,若用于低速机型,则重心后移。

② 对称形梯形翼:重心与矩形翼相同,适合中速机型。

③ 抛物线翼:重心在机翼前缘后 33% 弦长处,适合中速机型。

④ 后掠翼:视后掠角大小而定,后掠角越大,重心越后移,反之向前,适合高速机型。

⑤ 前掠翼:视前掠角大小而定,前掠角越大,重心越往前移,反之向后,适合高速机型。

⑥ 串翼:仅适合低速机型,重心在前主翼后缘至后主翼前缘的 1/4 处。

⑦ 鸭式:重心在后主翼前缘至前(鸭)翼后缘的 1/3 处,适合中高速机型。

⑧ 无尾盘型翼:重心在翼弦前 1/4 处,适合低速机型。

⑨ 无尾三角翼:视后掠角大小而定,重心通常在前缘 3/5~1/2 处,适合中高速机型。

⑩ 飞翼式:视翼型种类而定,正长方形者重心靠前缘,前缘有后掠角者在距正中央前缘 30%~40% 处。前后缘均有后掠角的可参照后掠翼求出重心,前掠角者,可参照前掠翼求出重心,适合中高速机型。

⑪ 板状翼:多为正方形或长方形,重心在前缘约 1/6 处,适合低速机型。

在首飞调整重心时,可以让头略重些,因为头过轻会导致飞机不稳定,以致于无法操纵。

2．操纵系统的调整

对一架新飞机来说，首先要选择一个全新的记忆组，即需要将该记忆组内的所有设置复位到初始状态，然后选择正确的信号制式。开启遥控器和飞机的电源，这时所有的舵机都会回到中立点；然后调整舵机的转向；再调整舵盘的位置和连杆的长度，尽量使中立时舵盘遥臂与连杆垂直。新飞机的首飞最好设定大小舵量，以便在必要时进行切换。

3．动力系统的调整

对电动动力来说，除调整油门方向和行程外，最重要的是对电子调速器的设定。不同品牌的电子调速器的设定会有所不同，需要参照说明书进行合理的设定，否则发挥不出电机的性能，甚至损坏电子调速器。设定内容中，进角和低压保护必须设定。设定方式上，不同品牌也有所不同，最初级的是通过油门遥杆进行设定，更方便的是用编程卡，还有更先进的是在计算机上通过软件设定。另外，桨的匹配也很重要，若匹配不好，不但发热量大，而且还达不到最大拉力。

对油动动力来说，不但需要调整油门方向和行程，还需要调整发动机。下面将介绍飞行前发动机的调整。

首先是发动机的启动。要成功地起动发动机有 3 个条件：首先是适当比例的混合气，其次是强力的压缩，最后是强力的点火性能。只要满足了这 3 个条件，除非发动机本身损坏了，否则一定可以起动发动机。

关于强力的压缩是理所当然的，但这并非是指去改变发动机本身的压缩比。这里所谓的强力的压缩，是指快速地转动曲轴，使得活塞压缩混合气快速而强力。我们可以使用足够功率的启动器通过桨轴驱动曲轴。若缓慢地转动曲轴，则不仅无法起动发动机，甚至还可能会发生危险。第三个条件是针对使用电热式火花塞的发动机来说的，在启动时必须要有足够的电力让火花塞加热。如果电池的电力不足，那么再怎么努力也无法让发动机启动。

其次是满足上述条件后，也要注意周围的环境。安全第一，所以要记得好好清理启动的坏境。例如，使用启动器或是外接电夹时的电线不要被螺旋桨缠绕，不要在脖子上戴易被缠绕的挂绳等，将螺丝螺母类的松紧度再检查一下也是很重要的。

下面重点介绍油针的调整技巧。

(1) 启动之前的调整

在起动发动机之前，要依照遥控器、飞机的顺序将电源打开，然后确认化油器阀门可以处于全闭和全开的状态。这些都是基于安全的考虑，因此大家要特别小心。

接着是在火花塞上的电夹拿掉的状态下，将遥控器上的油门摇杆拨到最上方，确认化油器的阀门是否完全打开了。保持这种状态,用手指塞住化油器上的进器口,将螺旋桨朝着旋转方向(逆时针方向)转动,在这种情况下,应能够从油箱顺利地将燃油送至化油器,再转动螺旋桨1~2圈,就会有少量燃油进入曲轴箱。结束之后,化油器阀门又形成开启的状态。

至此,发动机启动之前的准备工作就完成了。此时,再将电夹连上,这时遥控器的天线是收起来的状态,并且是放在手边随时可以接触到油门摇杆的位置。另外,在螺旋桨的前面除了发动它的人不能有其他人。一般而言,在飞机启动时,最容易发生危险的区域就是以螺旋桨为基准的旋转面。因此,助手或参观的人需要站到后面。

使用启动器时,要将机头罩用启动胶圈固定,然后再回转1~2 s。若是用手来转动螺旋桨的情况,则要从感觉到压缩的地方,用力地旋转螺旋桨。

(2) 大油针的调整

先让飞机抬头,然后调大油针到发动机转速最高的状态,然后开大到发动机转速刚要开始降低的情况,再开大一点点来补偿将来油量消耗后油位降低引起的贫油。在机头放平的情况下,发动机转速应当略有降低,如果变化很大则说明发动机有问题。在这里要特别注意的是,发动机的稳定性和马力是有一定矛盾的,发动机贫油马力大不稳定,发动机富油稳定但马力小(注意,这里所说的贫油不是要熄火的那种贫油,而是指混合比刚好让发动机工作在最大转速的贫油)。我们所要做的就是要找个平衡点,既能让发动机发挥出最大的马力,又能让其稳定工作。在这里还要强调的是,飞机上天后,由于螺旋桨实际螺距的减小会使发动机转速提高,因而需要更大的供油量来满足增大的转速,所以调整时要考虑到这个问题,调的稍富油一点儿。

(3) 小油针的调整

把油门收到怠速开始调整小油针。办法是猛推大车,然后观察发动机的反应,此时会有三种可能:第一种是发动机转速不随风门开大立刻上升,而是立刻熄火,或勉强转几下就熄火,这是小油针贫油的表现(如果发动机小油针过度富油也会这样,要注意鉴别);第二种是发动机转速不随风门开大而立刻上升,但发动机不会熄火,转速会慢慢地增大,或延迟一段时间转速才上升,这是小油针富油的表现;第三种是发动机反应迅速,无转速滞后的现象,风门开大后发动机转速立刻上升并保持稳定的运转,这是我们想要的情况。但这种状态范围很宽,也就是说,小油针供油量从贫到富,在一定的范围内发动机都会有此表现,我们所要的是在这里面的那个最佳工作点。要找出这个点是要费点工夫的,一般也可以认为从贫油到富油的中间点就是最佳工作点,找到这个点就可以放心地飞行了。

9.2.3　试飞前的注意事项

① 操纵者勿戴项链或其他易缠绕的物品,长发须系至其肩长,以免被发动机缠绕。

② 正对太阳飞行或天空很亮时,请尽量佩戴太阳眼镜。

③ 若邻近的场地有其他人在飞,一定要先核对频率,若频率相同则需要更换频率,或者双方协调好飞行次序,绝对不能同时飞行。

④ 飞行时,遥控器天线必须完全拔出。

⑤ 最好先打开遥控器的电源,后打开接收机的电源。若采用的是电动动力,则一定要先打开遥控器,否则电机有可能失控,非常危险。

⑥ 若长时间开启遥控器,最好将天线完全拔出,否则有可能使高频模组过热烧毁。

⑦ 飞行时要注意安全第一,要在人烟稀少的地方飞行;另外,飞机尽量不要飞到自己身后,而其他人员要在操纵者身后。

9.3　起降航线与简单机动

9.3.1　起降航线

首先要明确飞行区域。一般而言,飞机的飞行范围为:左右各 60°角,上下也 60°角。如何判定 60°角呢? 很简单:首先在操作飞机时,肩膀不随飞机移动,仅有头部转动,依头部转动的角度来为空中的飞机定位。简单地说,头转向最左至 90°(切齐肩膀),转回 1/3,右侧一样转到 90°再转回 1/3,这就是飞行的左右范围,由中间起算左右各 60°角。高度亦然,抬头向上至 90°再回移 1/3 就是高度的 60°角。这个围成的空中区域,就是飞行的区域。

飞机的航线应当在飞行区域内,这样才能保证顺利起降和飞行安全。下面将简单介绍起降航线。

1. 起飞航线

首先,沿跑道全油门滑跑,拉杆起飞,然后转 180°,爬升并进入水平飞行,见图 9-9。

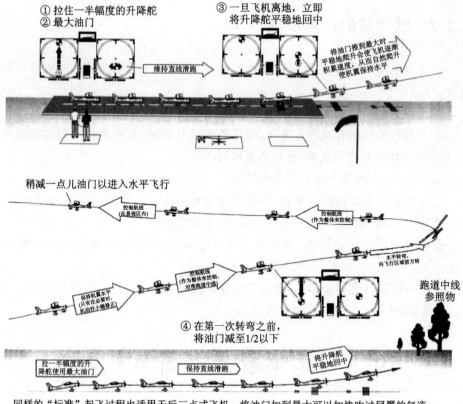

同样的"标准"起飞过程也适用于后三点式飞机：将油门加到最大可以加快吹过尾翼的气流流速，从而使飞机稳定下来。同时，拉住一半幅度的升降舵就可以保证飞机不会"嘴啃泥"了

图 9 - 9　起飞航线

2. 降落航线

降落航线如图 9 - 10 所示。

9.3.2　简单机动

1. 直线飞行

直线飞行是需要训练且很困难的一个项目，它要求飞机在两个端点间进行直线飞行，直线飞行的要求是航迹为直线，与操纵者的肩膀延伸线平行，高度不可改变，方向不可改变，也就是说，不可以画出斜线。所以在这个要求下，就只能用方向舵微调航向，只要动到副翼，航迹就不为直线了，见图 9 - 11。

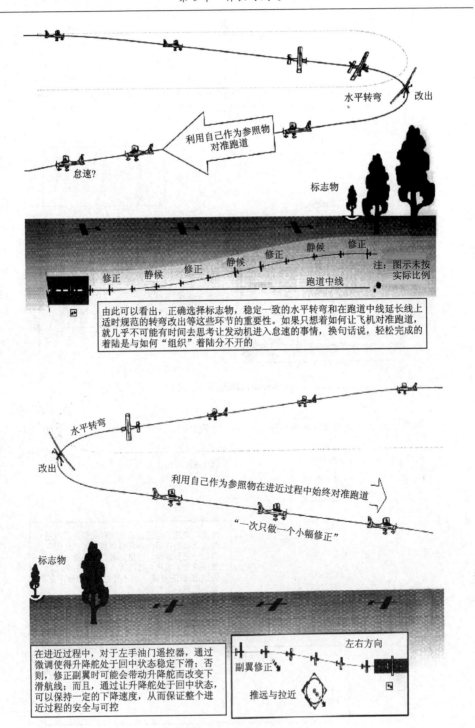

水平转弯　改出

利用自己作为参照物
对准跑道

怠速?

标志物

修正　静候　修正　静候　修正　静候　修正

跑道中线

注：图示未按
实际比例

由此可以看出，正确选择标志物，稳定一致的水平转弯和在跑道中线延长线上适时规范的转弯改出等这些环节的重要性。如果只想着如何让飞机对准跑道，就几乎不可能有时间去思考让发动机进入怠速的事情，换句话说，轻松完成的着陆是与如何"组织"着陆分不开的

水平转弯

改出

利用自己作为参照物在进近过程中始终对准跑道

"一次只做一个小幅修正"

标志物

在进近过程中，对于左手油门遥控器，通过微调使得升降舵处于回中状态稳定下滑；否则，修正副翼时可能会带动升降舵而改变下滑航线；而且，通过让升降舵处于回中状态，可以保持一定的下降速度，从而保证整个进近过程的安全与可控

左右方向

副翼修正

推远与拉近

图 9-10　降落航线

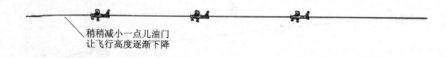

稍稍减小一点儿油门
让飞行高度逐渐下降

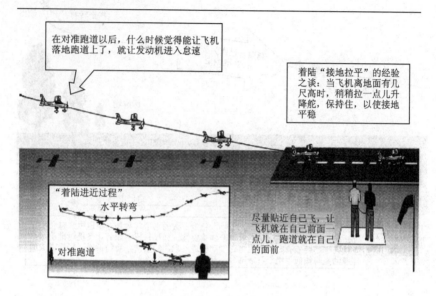

在对准跑道以后，什么时候觉得能让飞机
落地跑道上了，就让发动机进入怠速

着陆"接地拉平"的经验
之谈：当飞机离地面有几
尺高时，稍稍拉一点儿升
降舵，保持住，以使接地
平稳

"着陆进近过程"
水平转弯

对准跑道

尽量贴近自己飞，让
飞机就在自己前面一
点儿，跑道就在自己
的面前

图 9 - 10　降落航线(续)

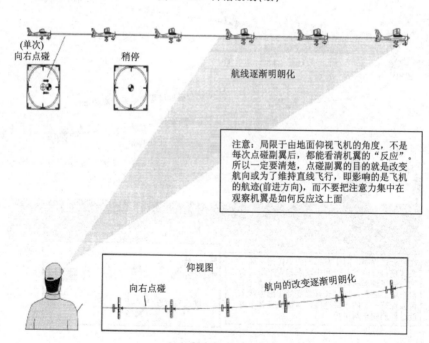

(单次)
向右点碰

稍停

航线逐渐明朗化

注意：局限于由地面仰视飞机的角度，不是
每次点碰副翼后，都能看清机翼的"反应"。
所以一定要清楚，点碰副翼的目的就是改变
航向或为了维持直线飞行，即影响的是飞机
的航迹(前进方向)，而不要把注意力集中在
观察机翼是如何反应这上面

仰视图

向右点碰　　　　　　航向的改变逐渐明朗化

图 9 - 11　直线飞行

2. 水平 8 字

这个动作的好处是不管飞机在天空的哪个位置，都可以飞回降落的航线上，不会漫天乱舞，飞到后方或越飞越远。这个水平 8 字的方向是转向自己的方向，不是转出自己的方向，动作的要求是须为水平飞行且两圆弧度大小一样。

由于飞行时有顺风逆风的问题，要飞到两个圆弧大小相等、高度一致，需有相当的对风操控的技巧。

3. 1/2 反古巴八字

1/2 反古巴八字是一个拉杆—滚转—拉杆的动作，初级的要求是在翻转完就可以拉升降舵向下翻转，运动级以上就需顶住升降舵来维持继续上升高度后再下拉。

画出的线条代表飞机的航迹，因为是垂直动作，所以还需要学习在爬升与俯冲之间油门放收的操作，见图 9 - 12。

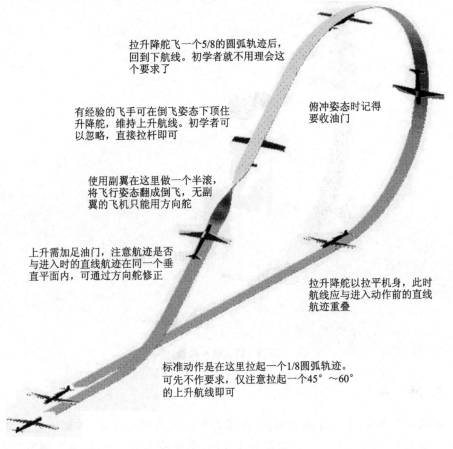

拉升降舵飞一个5/8的圆弧轨迹后，回到下航线。初学者就不用理会这个要求了

有经验的飞手可在倒飞姿态下顶住升降舵，维持上升航线。初学者可以忽略，直接拉杆即可

使用副翼在这里做一个半滚，将飞行姿态翻成倒飞，无副翼的飞机只能用方向舵

上升需加足油门，注意航迹是否与进入时的直线航迹在同一个垂直平面内，可通过方向舵修正

俯冲姿态时记得要收油门

拉升降舵以拉平机身，此时航线应与进入动作前的直线航迹重叠

标准动作是在这里拉起一个1/8圆弧轨迹。可先不作要求，仅注意拉起一个45°～60°的上升航线即可

图 9 - 12　1/2 反古巴八字

直线＋1/2反古巴八字:这两个动作飞起来应在同一垂直平面上,且翻转下来时应回到同一进入点的直线高度上。

如果直线飞的没有问题,不会忽高忽低,忽里忽外,那么可以试试将两个1/2古巴八字连接起来,飞成一个反古巴八字,即顺风一个圈,逆风一个圈。圈的大小相同,圆弧相同,垂直面在同一平面上。垂直面用尾舵修正在同一平面上。圆弧在顺风与逆风时会有不同,请依风向修正。

4. 破S与英麦曼

将破S与英麦曼两个动作与直线飞行连起来,飞起来的航迹很像直立起来的椭圆形操场,见图9-13和图9-14。

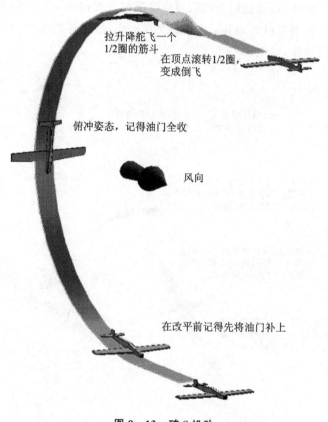

图9-13 破S机动

5. 筋　斗

对于这个动作,主要注意事项是,在垂直平面须为同一平面,圆弧须为正圆,建议是飞双筋斗,做完第一个筋斗的最后1/4圈,再加速飞第二个圆,两个圆须大小相

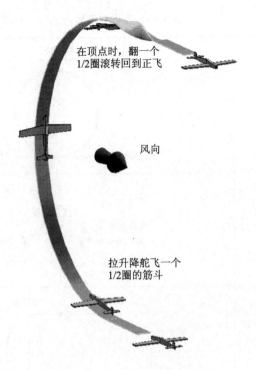

在顶点时，翻一个
1/2圈滚转回到正飞

风向

拉升降舵飞一个
1/2圈的筋斗

图 9 - 14　英麦曼转弯机动

等,进入点与改出点一致。在飞行中须注意微修舵面,维持在同一垂直平面上,见图 9 - 15。

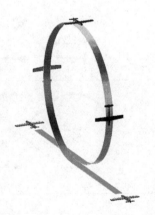

图 9 - 15　筋　斗

基本动作列表如表 9 - 1 所列。

表 9 - 1 基本动作表

动　作	图　示
1. 内筋斗：拉住升降舵，保持	拉住升降舵保持　开始　结束
2. 副翼横滚：点拉一下升降舵使飞机略做爬升，然后在整个过程中压住副翼	压住副翼　拉杆爬升
3. 英麦曼：先完成半个筋斗，然后再做半个横滚恢复正飞	1/2横滚　半个筋斗
4. 半古巴八字：先完成 5/8 个筋斗至 45°下行航线，然后做半个横滚恢复正飞，再拉杆进入水平航线	45°　1/2横滚　部分筋斗　拉杆改出
5. 全古巴八字：先完成半个古巴八字，再接着做另外半个	1/2横滚　部分筋斗　部分筋斗　拉杆改出
6. 反向英麦曼：先完成半个横滚变为倒飞，再做半个筋斗进入水平航线	1/2横滚　拉杆做半个筋斗改出

动　作	图　示
7. 半反向古巴八字：45°爬升，然后做半个横滚进入倒飞，再做 5/8 个筋斗进入水平航线	
8. 全反向古巴八字：先完成半个反向古巴八字，再接着做另外半个	
9.4 点横滚：分 4 次压副翼并每次回中	
10.8 点横滚：分 8 次压副翼并每次回中	
11. 双横滚：压住副翼直至完成两次横滚	
12. 反滚转弯：向右完成 3/4 个横滚，然后进入左转弯	

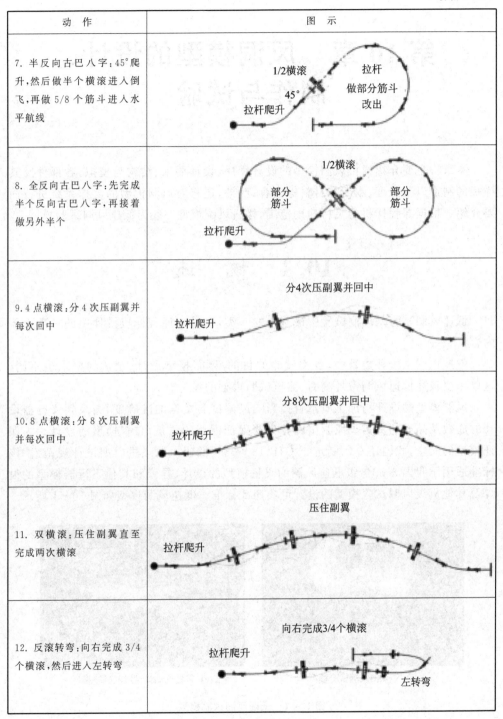

第 10 章 风洞模型的设计、制作与试验

本章将主要介绍样机风洞模型的设计程序、设计要求、结构与模拟,各部件及其样板的制造以及强度、刚度与材料等内容;此外,还将对风洞模型的支撑系统进行简要介绍。根据课程样机的飞行速度范围,样机风洞模型一般为低速风洞试验模型。

10.1 概 述

低速风洞试验是风洞试验中最基本的一类,也是本课程样机设计中的一项重要内容。

低速风洞试验种类繁多,各类试验的目的不同,模型设计、制造的要求也不同。这里主要叙述低速风洞常规测力、测压试验模型的设计。

风洞模型的设计与加工质量直接影响风洞试验数据的准确度,关系到飞行器设计的成败及品质的优劣。风洞试验首先要保证模型的质量,重视模型的设计。为保证模型的质量,我国还专门制定了 GJB 180—86《低速风洞飞机模型设计规范》。该标准适用于我国 3 m 量级低速风洞的飞机模型的设计,导弹和其他飞行器模型的设计及其他量级风洞试验模型的设计可参照此标准。低速风洞模型如图 10-1 所示。

(a) X-48B风洞试验模型   (b) 客机气动弹性风洞试验模型

图 10-1 低速风洞试验模型

10.2 模型设计的基本要求

在设计低速风洞试验模型时,应满足以下几方面的要求:

① 模型外形原则上必须与实际飞行器几何相似。对于某些飞行器外形局部细节确实无法做到完全几何相似的,可以根据气动分析结果的趋势考虑适当放宽,但应尽可能采取修正措施或估计其对试验结果的影响。

② 模型结构简单,加工工艺性好,部件互换性好,拆装方便。

③ 模型制造精度必须满足设计规范的要求,包括部件制造精度和总装精度。

④ 模型重量应尽量轻,并优先考虑选用木材或易加工的金属材料。

⑤ 模型表面应有明显的检测位置标记线,模型各零部件应有明显的标记。

10.3 模型的设计程序

风洞模型的设计、制作与试验流程包括以下几个环节:

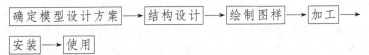

模型的设计流程如下:

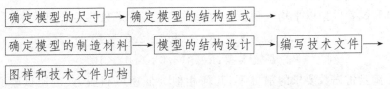

低速风洞试验模型的设计与制造主要包括以下几个步骤:

① 根据试验任务要求的内容,选择试验方案并初步确定模型的缩比。

② 根据具体试验项目,估算出模型的气动载荷或压力测量范围,据此选用合适的天平及仪器等。

③ 确定模型的主要结构型式、尾支杆尺寸及模型在风洞中的位置。

④ 进行模型图样的设计工作。

⑤ 编写模型设计说明书,内容包括使用说明、强度和刚度计算以及其他有关资料。

⑥ 完成模型图的校对、审核、标检与批准。

⑦ 联系模型的加工生产,向加工单位进行技术交底并协调生产进度与经费。

⑧ 模型的加工跟产,解决加工中存在的问题。

⑨ 按图样要求进行验收。

10.4　模型的详细设计

由于风洞试验用模型成本高,加工周期长,同一个模型一般要在几个试验尺寸相近的风洞中试验,或兼作几种类型的风洞试验,因此,必须掌握各风洞试验段的特征尺寸、支撑装置的结构型式、天平接头的型式和尺寸等参数,模型设计时要保证模型能在所选择的各风洞中使用,如果是几种试验类型的通用模型,还应满足各类试验的要求。

10.4.1　模型的相似准则

风洞试验使用的缩比模型,其尺寸要比实际飞行器小得多,要将风洞试验数据用于实际飞行器,则风洞试验必须与实际飞行器空气动力相似。

低速风洞试验马赫数一般都小于 0.3,可以不考虑气动的压缩性影响。

雷诺数相似要求试验雷诺数尽量接近飞行雷诺数。通常试验模型的尺寸远小于实际飞行器,试验雷诺数也远小于飞行雷诺数,这就会给试验数据带来误差。根据大量试验可知,试验时如能保证雷诺数大于一定值,达到雷诺数自准区后,可用修正方法将风洞试验所得到的数据修正到相应的飞行雷诺数上。

风洞试验模型以平均气动弦长为特征长度的雷诺数的要求如下:

$$低速翼型:Re \geqslant (1.5\sim2.5)\times10^6$$
$$层流翼型:Re \geqslant (3.0\sim6.0)\times10^6$$

在满足雷诺数要求的前提下,几何相似为低速风洞测力、测压试验必须满足的相似准则。

10.4.2　模型的几何尺寸

根据试验任务书的要求、所选风洞试验段的尺寸确定模型比例,即模型的尺寸。

模型尺寸受到风洞试验段阻塞度的限制。阻塞度定义为在所要求的试验状态下,模型和支架、风挡等的最大迎风面积与风洞试验段横截面积之比。模型尺寸由所选风洞试验段的形式及尺寸和试验迎角范围决定。

以下是确定模型尺寸的几个基本原则:

① 在试验迎角范围内,模型阻塞度不得大于 7%。

② 大展弦比飞机模型（展弦比 $\lambda \geqslant 8$），试验迎角小于 30°时，$b/B \leqslant 70\%$。这里 b 为展长，B 为风洞试验段的宽度。

③ 中等展弦比飞机模型（展弦比 $3 \leqslant \lambda < 8$），试验迎角小于 30°时，$50\% \leqslant b/B \leqslant 65\%$。对于低速或亚声速飞机模型，展弦比较大，机身不太长，临界迎角也不太大，一般按照此条件选择即可满足。

④ 小展弦比飞机模型（展弦比 $3 \leqslant \lambda$），如大后掠角或三角翼的风洞模型，应按试验的最大迎角计算模型的阻塞度后确定模型的尺寸。

⑤ 导弹、火箭等细长体的模型应按试验段的可用长度及试验的最大迎角来确定模型的尺寸。模型的长度应小于试验段长度的 70%。

⑥ 大迎角试验模型的长度取决于试验迎角的范围、风洞试验段流场均匀区的高度或宽度（对于在水平方向上改变侧滑角的风洞）、迎角机构的移动范围。要求模型头部或尾部不得超出试验段流场均匀区，并尽量保证模型在试验段中心。当迎角较大时，模型可偏离试验段中心，但必须在流场均匀区内。

低速风洞模型试验由于洞壁约束引起的阻塞有固体阻塞和尾流阻塞。在设计风洞模型时不要过于追求模型的大尺寸。模型尺寸大虽然有较大的雷诺数，但洞壁干扰大，阻塞修正量也大。目前在大阻塞度时，还缺乏有效的阻塞修正手段，这会给试验数据带来较大的误差。因此，要权衡各种利弊，统筹考虑，最后确定模型的尺寸。

10.4.3　模型的材料

由于风洞试验的目的不同，模型的复杂程度也相差甚远。一般地说，飞机模型设计的难度较大。一个用于选型试验的飞机模型，机翼、尾翼等部件可能有几种方案，各种方案的几何外形不同，安装位置也可能不同。往往有几百个大小不同的零件。模型结构是否合理，直接影响到试验数据的精准度、使用方便程度及加工成本。

应根据试验目的和要求、选用的试验风速、估算模型的气动载荷，来确定制造模型的材料和模型的结构型式。

制造模型的材料决定着模型的重量。模型重量是模型设计指标之一，应尽量轻。如果模型重量较重，则天平很难满足要求。假设用内式应变天平做大迎角试验，当迎角为 30°时，天平的阻力分量要承担 50% 的模型重量，天平阻力分量的设计载荷必然要增加，从而降低了它的灵敏度以及降低了试验数据的精准度。模型的重量增加，也对风洞模型支撑系统有更高的要求。

低速风洞常规测力、测压试验模型常用木材、金属塑料等材料。模型材料的选择应考虑试验性质、数据精度要求、加工成本、模型重量、模型受力和试验过程中零部件的拆装情况等因素。

（1）木　材

低速风洞试验模型用木材制造是最经济的选择。木质模型的优点是成本低，加工周期短；缺点是加工精度低，易变形，保存时间短。

制造低速风洞试验模型常用红松、红杉、核桃木等优质木材，也有的用高强度航空层板。制造模型的木材必须经过干燥处理，干燥后的木材含水率不得超过 12%。

制作模型的材料一般应裁成 20～30 mm 的薄板，再将薄板按木纹方向交错地用乳胶或环氧树脂胶等粘接剂加压粘接成整体，制成毛坯，然后再加工，这样可以防止模型翘曲变形。

很少见到全部用木质材料制造的模型，绝大多数所谓的"木质模型"，都是木质-金属材料的混合结构。

模型的天平接头、操纵面与固定翼的连接部分必须用金属材料。

试验风速在 45 m/s 以上，木质模型需用钢或铝质骨架加强。

对于翼剖面相对厚度大于 8% 的机翼，可用全木质结构；对于翼剖面相对厚度小于 8% 的机翼，可用木质带金属夹心的混合结构。

翼的前缘和后缘及模型头部等尖锐部分需用金属材料的镶条，或用具有高的抗断裂强度的木材。

（2）金属材料

低速风洞试验模型一般用较轻的铝合金。金属模型的优点是模型加工可用精密加工机床，加工精度高，使用寿命长；缺点是造价高，重量重。

部分连接件，如模型与天平的连接件，机翼、尾翼等受力件与机身的连接件，改变操纵面偏角的连接件等须用钢质材料。风洞用标准模型必须用金属材料。

（3）其他材料

某些新型塑料、环氧树脂、玻璃钢、碳纤维等材料也是制作风洞试验模型很有用的材料，是风洞试验模型材料的发展方向。

用这类材料加工模型时，模型与天平、模型受力面与机身或弹身、模型各受力部件之间的连接仍须用金属件。

新型塑料、环氧树脂、玻璃钢等材料加工成本低、易成形、不变形、使用寿命长，但模型强度不如金属模型。

碳纤维的重量轻，但成本高，只有特殊试验用的模型才用碳纤维制造。

10.4.4　模型部件的模拟

（1）外露小部件的模拟

风洞试验模型一般必须与实物几何相似。由于风洞试验段尺寸的限制，选型试验用飞机或导弹模型上的小尺寸外露物,如风速管、天线、口盖等尺寸太小,部件的试验雷诺数太小,可不模拟。但对于校核试验用模型,这些小尺寸外露物应尽量模拟,否则对气动数据会有影响。

（2）发动机气流通道的模拟

用喷气式发动机为推进装置的飞机或导弹,有发动机的进气口、气路和排气口。在进行不带动力的模型试验时,如把进气口和出气口简单地堵死,仅模拟外部形状,则流动状态与实际情况不一致,在进气口和出气口附近可能会出现气流分离现象,严重影响阻力系数、俯仰力矩系数等试验数据。

通常有两种模拟发动机通道的方法:一是堵锥模拟;二是通气模拟,即通气模型。

堵锥模拟方法在发动机的进气口和排气口处用光滑的整流块整流,其也适用于单发动机装在尾部、进口在头部的情况。该方法虽然有模型结构简单、便于加工的优点,但没有内流模拟,这将致使外流模拟失真。

风洞试验时应尽可能用进气道通气模型。

（3）操纵面缝隙模拟

飞行器的操纵面与翼的固定面或机身之间有一定的缝隙,以保证飞行时在气动载荷的作用下能自由转动。缝隙的存在将产生缝隙绕流,影响舵面的气动特性。风洞试验时,应模拟操纵面的缝隙效应。改变缝隙的大小,就改变了气流的流动状态,并对气动力特性产生影响。如果缝隙处理不好,就会影响试验数据的准确度。

设计模型时,飞行器的舵面与翼的固定面或机身之间的缝隙应满足几何相似准则。

如果模型的缝隙尺寸太小以至于无法加工时可适当放大。为保证试验数据的重复性,试验时有时用胶纸或腻子将缝隙堵死,但表面一定要光滑。

设计模型时,可考虑安装时能改变缝隙的大小,通过专门的缝隙效应试验得到缝隙的影响。

当然,出于样机简化的目的,也可以不考虑操纵面缝隙的影响,直接将缝隙堵住。

（4）边界层的模拟

模型加工时模型表面粗糙度要求较高,必须做到气动光滑。

风洞试验时雷诺数与飞机的飞行雷诺数相差较大。一些三角翼或大后掠翼的飞机,飞行时机翼表面差不多都是湍流边界层。而风洞试验时雷诺数低,翼面上有相当范围的层流边界层,从而造成试验结果与飞行情况不符。

风洞试验时要求用边界层人工转捩的方法,使模型表面边界层状态与飞行时相似。模型设计时必须考虑试验时边界层的模拟方法,人工转捩带应预先加工或准备好。

人工转捩就是在模型表面一定位置处人为地引入一定的干扰源,强迫边界层由层流状态转变成湍流状态。

10.4.5　模型的结构设计

　　低速风洞试验模型的结构复杂程度相差甚大,飞机模型的结构设计较复杂。飞机模型要能模拟起飞、着陆、续航等飞行状态,并需偏转升降舵、方向舵、副翼、扰流板等各种操纵面,还需要有各种外挂物,如副油箱、导弹等。一个大型风洞试验模型往往有几百个零件。图 10 - 2 所示是一个典型的模型结构图。在进行模型设计时,应使天平的力矩参考点尽量与模型的质心位置一致。

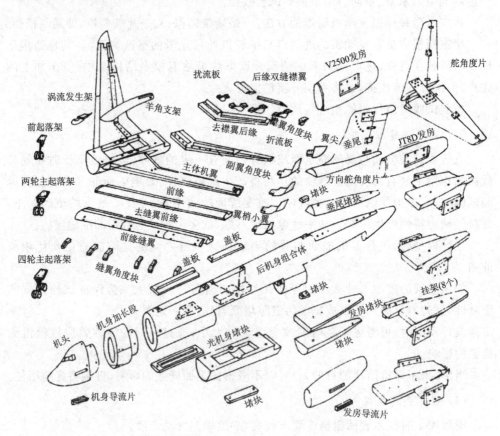

图 10 - 2　典型的大型风洞试验模型结构图

1. 测力模型

（1）机身或弹身

　　一般来说,机身或弹身是模型的承力部件,机身内有主要的受力构件。对尾部支撑或腹部支撑方式的模型,风洞试验时作用在模型上的气动力通过机身传到天平和支撑机构。

机翼、尾翼、挂架等部件都要刚性地固定在机身的受力构件上。机身或弹身的结构与所用支撑系统密切相关。

对于用内式天平测力的模型，或机身（或弹身）较长的模型，要采用分段结构。各段之间用圆柱配合，配合面长度视直径而定。段与段之间用销锥或柱销定位，如需要可加螺丝紧固，也可用螺纹连接，为防止松动，可加螺丝定位紧固。如模型材料为木质，两段的连接面要镶金属衬套。

用机械天平或其他外式天平测力的模型，机身结构视制造材料的不同而不同。木质材料模型的机身可做成实心结构，机身截面积较大时，为减轻模型质量，可做成空心结构。金属材料的模型一般都分段做成空心结构。

机翼、尾翼、外挂挂架等需经常拆卸的连接件，一般不得用木螺丝直接连接到木质机身上，必须用金属过渡块，以防止多次拆装后松动。过渡块可用木螺钉固定在木质机身上，连接件再用螺钉固定在过渡块上。

机身上应设计模型的基准面，模型组装和在风洞中安装都应用该基准面作为基准。

大尺寸风洞模型由于重量大，必须在机身受力构件的适当位置设置连接起重吊环用的螺孔。试验时取下起重吊环，并填平螺孔。

（2）翼　面

机翼、水平尾翼、垂直尾翼、弹翼是模型的主要受力面，与机身或弹身的连接一定要可靠，并进行强度校核。连接形式可多样，常用榫形或平面配合连接。翼面与机身或弹身的连接必须用定位销定位。设计时连接处需进行强度校核。

翼面上若要安装改变角度的舵面，为保证舵面的铰链轴线位置有最好的准度，木质模型在舵面铰链安装处要用金属过渡块，舵面最好用金属梁。

（3）活 动 操 纵 面

活动操纵面的设计最为复杂，因为它既要准确地进行角度定位，以改变操纵面的角度，又要简单方便。

操纵面的连接形式有角度片、转轴加定位销、铰链加外部扇形定位件、铰链加内部锁定装置等多种形式。连接形式的选择取决于模型的结构空间和舵面偏角的精度要求。

角度片是一种不同角度的简单接头，如图 10 - 3 所示。两边分别用螺钉固定在模型体和操纵面上。这种连接形式的角度定位精度高，安装精度取决于加工精度。由于每个试验舵面偏角都需用一个角度片，若需要进行多个舵面偏角试验，则需要加工多个角度片，完成一个舵面偏角试验后就要更换角度片，比较费工费时。

转轴加定位销：在操纵面上有一短轴插入安装在模型体内的轴套中。对应每一

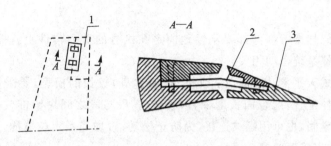

1—活动操纵面;2—角度片;3—舵面

图 10-3 角度片的连接示意图

角度,在操纵面的短轴与模型体的轴套上钻有销孔,操纵面的角度由不同位置的销孔用销钉定位,如图 10-4 所示。这种连接形式的优点是角度定位精度高,安装精度取决于加工精度,零件少;但结构设计受模型空间的限制。

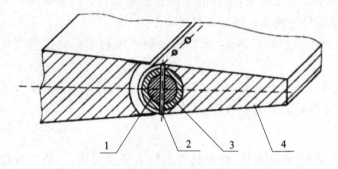

1—转轴;2—定位销;3—轴套;4—舵面

图 10-4 转轴加定位销的连接示意图

铰链加外部扇形定位件:在翼面上装配铰链,用一个对应不同角度钻有相应孔的外部扇形件与之配合,如图 10-5 所示。这种结构角度定位精度高,安装精度取决于加工精度,零件少;但因扇形定位件尺寸大,模型需要局部改形,要使扇形件不产生明显的气动干扰,通常需加工带有整流罩的接头。

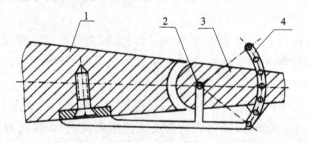

1—安定面;2—转轴;3—舵面;4—扇形定位件

图 10-5 铰链加外部扇形定位件的连接示意图

铰链加内部锁定装置:在翼面上装有铰链,在模型内部有可变操纵面角度的锁定装置,锁定装置用螺母压紧,如图 10 - 6 所示。这种结构要求模型内要有足够的结构空间,锁定装置的加工精度要求高,但由于角度仅靠刻度线或角度板保证,重复性和准确性很难保证。

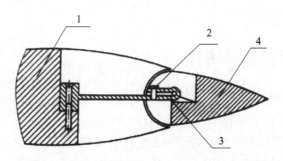

1—安定面;2—锁定装置;3—铰链;4—舵面
图 10 - 6　铰链加内部锁定装置的连接示意图

(4) 模型与天平的连接

内式应变天平是小型航空器低速风洞试验中常用的天平,如图 10 - 7 所示。

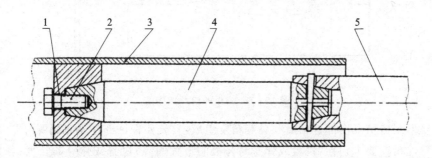

1—助卸螺孔;2—紧固螺钉;3—模型;4—天平;5—支杆
图 10 - 7　内式应变天平和模型的连接示意图

内式应变天平的连接一般用锥形接头。接头的锥度及尺寸取决于使用天平的前接头的锥度及尺寸。常用锥度有 1:5 和 1:10。接头锥面的加工必须用天平提供方的标准塞规检验,且接触面不得小于 80%。

结构设计时,必须考虑助卸结构。最简单的助卸结构是在模型与天平的接头上,加工一个比拉紧螺钉直径大的螺孔。当卸下拉紧螺钉后,用助卸螺钉顶天平的前端,使模型与天平脱开。

模型腔与支撑系统的尾支杆之间要有足够的间隙,以防止试验时模型和支杆相碰。间隙大小取决于天平和支杆的刚度、气动载荷及支杆在模型内部的长度。模型腔内不允许有任何凸起物,安装模型部件的螺钉也不允许暴露在模型腔内,以免划伤天平元件上的应变片和导线。

2. 测压模型

低速风洞测压试验模型的结构设计要求同测力试验模型,但测压试验模型的制造更为复杂,在此不作详细介绍。

10.4.6　模型的制造精度

模型的制造精度是指模型的实际尺寸与图样的设计尺寸的极限偏差。

一般飞行器模型,特别是飞机模型,其外形复杂,模型制造和检验都需用大量的样板,样板质量的优劣及结构是否合理是生产合格模型的关键之一。样板一般用钢板制造,用线切割机床加工。图 10－8 所示是样板的典型结构图。

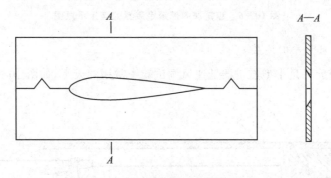

图 10－8　样板的典型结构图

模型制造精度由部件精度和总装精度组成,首先要保证部件制造精度。

部件精度要求包括:机身或弹身与样板的最大间隙;机身或弹身的长度;各翼面的剖面弦长、展长、后掠角、上反角、扭转角、后缘厚度;各剖面的样板与翼面的间隙等。

总装精度要求包括:位置精度、角度精度和接头精度等。

位置精度:沿模型 x、y、z 轴各翼面相对于机身或弹身的位置、平尾和垂尾的高度、操纵面缝隙等。

角度精度:各翼面相对于机身或弹身的安装角、上反角、扭转角、后掠角;各操纵面的安装角及重复偏差等。

10.4.7　模型的强度及刚度

总体来说,低速风洞试验模型的安全系数应大于3.0。

模型下列部件必须进行强度校核：

① 机翼和尾翼的根部；

② 操纵面的转轴和固定件；

③ 与天平的连接接头。

强度校核时，模型的气动载荷应按试验的最大风速及最大升力状态估算。

模型的强度和刚度校核方法，可按 GJB 180—86《低速风洞飞机模型设计规范》执行。

10.4.8　模型的表面质量

对于表面粗糙的模型，风洞试验时阻力重复性不好。低速风洞试验模型要求模型表面气动光滑，表面粗糙度 Ra 应为 $6.3 \sim 12.5 \mu m$。

对于铝合金模型，表面应做本色阳极化处理。也有的模型加温后涂保护膜，这种方法工艺简单，既能起到表面保护的作用，又有较好的表面效果。

对于木质模型和其他材料的模型，可喷涂油漆。在设计控制样板尺寸时，均应留有喷漆的余量。喷漆前可用腻子填补模型表面的孔洞、缝隙等缺陷，然后用砂纸打磨。

连接用销钉或螺钉不得突出模型的内外表面。

各段连接处不得有逆气流台阶，顺气流台阶及段与段之间的缝隙不得大于 $0.1 \mathrm{~mm}$。

10.4.9　模型的标识

为便于模型的安装和检查，模型总装后必须在其表面下列各处做明显的刻线，刻线宽度小于 $0.2 \mathrm{~mm}$，深度小于 $0.2 \mathrm{~mm}$。

① 机翼水平基准线及纵向对称线与机身的交线。

② 机翼、尾翼的弦平面与机翼、尾翼的前缘和侧缘的交线。

③ 外挂物的中心线及其在机翼、机身上的交线。

④ 机身、机翼及尾翼的样板位置控制线。

10.5　模型的检查

(1) 模型的外观检查

模型的外观检查用眼看和手摸。

首先检查模型表面有没有明显的漆层脱落、碰伤等缺陷,模型表面是否光滑。用手指触摸模型表面,应无明显的凸凹不平的感觉。检查模型各连接件是否松动。模型表面上的刻线是否明显。

(2) 模型的尺寸

按照设计图样,测量模型的尺寸。

如果有三坐标测量仪,则用三坐标测量仪测量模型的外形及位置尺寸,是否符合图样要求。

如果不具备三坐标测量仪,则只能借助于普通的机械测量仪器检查模型的典型尺寸及位置。用样板检查各型面的形状。

(3) 部件的连接

检查模型与天平的连接。如果用锥体连接,则应用标准塞规检查模型的接头,接触面不小于 80%;检查天平与模型的接头配合是否紧密,拆装是否方便。

检查模型各连接件的连接是否可靠,更换舵面是否方便,特别要检查各舵面安装角是否准确。

10.6 模型的存放及运输

一般飞行器模型需要在多个风洞做多次风洞试验,模型设计者必须考虑模型的存放及运输。

用于加工模型的样板必须装箱保存,样板需垂直放置在箱内,以防变形。凡是未能做防锈处理的金属部分需涂上防锈油。模型可拆卸部分分别用托架固定在箱体上,并用毛毡、泡沫塑料等松软防震物垫好。

模型箱体要密封、防潮,外表面要标明"小心轻放""防潮防雨""请勿倒置"等字样。模型箱应放置在干燥的地方。

10.7 技术资料

模型设计、制造应具备下列技术资料:

① 模型理论图和几何参数表;

② 模型结构图;

③ 模型部件外形数据;

④ 安装工艺说明书;

⑤ 模型装箱单;

⑥ 模型检测数据表(含理论尺寸和实测尺寸)。

10.8　模型支撑系统

模型支撑系统的用途是在风洞中支撑模型,并通过角度机构改变模型的姿态角,即模型的迎角、侧滑角或滚转角。支撑系统的结构型式多样,复杂程度不一,各风洞都有自己各具特色的支撑系统。风洞模型常规测力试验常用尾撑、腹撑、张线支撑等支撑方式。

支撑系统应满足以下几方面的要求:

① 必须要有足够的刚度和强度;

② 必须要有改变模型姿态角的机构,且改变模型姿态方便,角度或位置控制准度高;

③ 为保证洁净的流场,减少支撑系统对风洞试验段流场的干扰,支撑系统的绝大部分应在试验段外;

④ 模型支撑系统要便于维护。

第 11 章　微型飞行器和其他航天飞行器

11.1　微型飞行器

微型飞行器(Micro Air Vehicle,MAV)不是常规飞行器的简单缩小,尺寸的微型化带来气动力、推进、控制以及系统集成等一系列问题,给微型飞行器的研制造成许多难以克服的困难。本节将介绍微型飞行器的概念、特点、应用及其研究背景,重点综述了目前国内外微型飞行器的研究现状,提出了微型飞行器研究面临的几个关键技术问题,并展望了其研究发展趋势。

11.1.1　微型飞行器的概述

微型飞行器是 20 世纪 90 年代中期发展起来的一种新型飞行器。根据美国国防高级研究计划局(Defense Advanced Research Program Agency,DARPA)提出的要求,一般认为其基本指标是:飞行器各向最大尺寸不超过 15 cm,质量 10～100 g,最大航程 1～10 km,巡航速度 30～60 km/h,续航时间 20～60 min。微型飞行器应具有自主飞行、携带任务载荷执行特定任务、通信及传输信息等基本特征。与常规无人飞行器相比,微型飞行器具有体积小、重量轻、成本低的飞行平台优势,操纵方便、机动灵活、噪声小、隐蔽性好,无论是在军事领域还是在民用领域,都有十分诱人的应用前景。

在军事上,微型飞行器可用于敌情侦察、目标追踪、电子干扰、损伤评估、核生化取样、部署传感器、中继通信,甚至主动进攻和防御。首先,微型飞行器可用于低空或近距离的侦察和监视。载有全天候图像传感器的微型飞行器可以从 50～100 m 的高度,甚至更近的距离对目标实施侦察监视,尤其是对卫星和军用侦察机触及不到的盲区或人员无法涉足的地区进行侦察;同时,可以被部署到适当的位置,作为固定而隐蔽的地面传感器实时传送侦察信息。其次,微型飞行器能够承担通信中继、电子干扰和对地攻击等任务。虽然单架微型飞行器的干扰信号很小,但当大量的微型飞行器接近敌方雷达天线作用区时,可达到有效的干扰效果。如果携带高效能弹药,那么它们可用于对地攻击,破坏敌方雷达系统和通信中枢。此外,微型飞行器还可用于目标指示、核武器和生化武器的探测等。特别地,由于微型飞行器能够在城市建筑物群中以缓慢的速度飞行,可飞抵甚至停留在建筑物内进行侦察,探测和查找建筑物内部的敌方人员或恐怖分子,因此,它在未来的城区战场和反恐军事行动中将能发挥独特的作用。

在民用上,微型飞行器可用于各类监测、监控、巡视、搜救、摄影、测绘、调查和考察。比如,环境监测、灾情监测、交通道路监控、边境巡逻与控制、毒品禁运、农业勘测、大型牧场巡逻、城区监视和航空摄影等。正是由于微型飞行器在军事和民用两方面潜在的极其广阔的应用前景,使其从一开始就受到人们的广泛关注,澳大利亚、德国、日本、俄罗斯、印度、以色列等国家已经继美国之后纷纷成立专门的研究机构、投入研究经费。微型飞行器已成为世界先进国家竞先投入研究、开发的热点。

从微型飞行器的研究现状来看,虽然已经取得了相当的技术成果,但总的来说,微型飞行器还处于试验阶段,其进一步发展要达到实用化目标,还期待诸多领域关键技术问题的解决。

11.1.2　微型飞行器的现状

按照飞行机理的不同,微型飞行器一般可分为三种类型:微型固定翼飞行器、微型旋翼飞行器和微型扑翼飞行器。

1. 微型固定翼飞行器

微型飞行器最初是从固定翼开始研究的,目前已取得很大进步。其中,美国MIT 林肯实验室的微型飞行器、AeroVironment 公司的 Black Widow 和 Lockheed Sanders 公司的 MicroSTAR 等代表了目前研究的较高水平。这些微型飞行器大多采用现有微器件研制,其设计指标都接近 DARPA 提出的近期技术指标,主要是在飞行滞空时间、机动性、作用半径及自主导航能力等方面存在差距。

MIT 林肯实验室是最早研究微型飞行器的机构。1996 年 7 月,该实验室在美国第 23 届无人机系统协调会议上,首次披露了一种近距离飞行的微型无人侦察机(见图 11 - 1)。该机采用鸭式布局,具有昼间侦察和昼夜侦察两种型号。昼间型翼展只有 7.4 cm,起飞质量仅 10.5 g;由于摄像机要保存在真空容器内,在低温状态下工作,因此昼夜型的体积和重量比昼间型的大,其翼展为 20.5 cm,起飞质量达 91.5 g。采用电池和电机驱动,续航时间均为 1 h,飞行高度为 100 m,侦察范围为 1 km。该机在昼间可分辨出 7 cm 大小的物体,在夜间可分辨出 13 cm 大小的物体,每 2 s 拍摄一张照片。目前,MIT 林肯实验室正在开发的微型飞行器的质量为 57 g,长、宽均小于 15 cm,飞行速度为 32～48 km/h,侦察范围为 10 km,续航时间为 1 h。

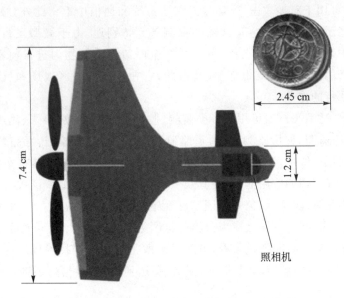

图 11 - 1　MIT 林肯实验室的微型无人侦察机

Black Widow 是由 AeroVironment 公司按照 DARPA 提出的微型飞行器技术要求而研制的一种微型飞行器(见图 11 - 2),1999 年 3 月试飞第一代样机。该机外形类似圆盘,壳体用泡沫聚乙烯制造;前置螺旋桨,由微电机和锂电池驱动;具有横滚、俯仰稳定性,及空速、高度和航向保持能力;携带彩色摄像机,具有上下行数据链路。飞行时的噪声相当低,即使在敌方上空 50 m 也很难被发现。2000 年 8 月试飞的新一代样机,翼展 15.24 cm,起飞质量 80 g,巡航速度 12 m/s,俯冲速度 20 m/s,续航时间 30 min,最大活动半径 1.8 km,最大飞行高度 234 m。在整机质量分配中,动力系统占 62%,机体结构占 17%,飞控系统占 9%,任务载荷占 12%。起飞方式为气动弹射,整套系统包括气压发射器、地面控制与监视系统以及自动追踪天线,可装在一个手提公文箱内,总重 6.8 kg。2002 年 11 月,该公司又研究开发了 WASP 微型飞行器,续航时间达到 1 时 47 分,机翼直径为 33 cm,总质量为 170 g,其中机体和电池动力源(机翼结构的一部分)的质量为 120 g,由地面人工控制飞行。

1998 年 4 月,美国桑德斯公司、洛克希德·马丁公司和通用电器公司联合申请,获得 DARPA 研制微型飞行器的技术合同,开始研制 MicroSTAR(见图 11 - 3)。第一代翼展为 30.48 cm 的样机于 1999 年试飞。MicroSTAR 的微电子设备放置在机翼内,由布置在中间的微电机驱动螺旋桨,采用锂电池供电。机上装有 5 g 重的差分 GPS 和惯性导航装置,具有自主导航和控制能力,采用手持式发射器或直接手掷发射;携带微型摄像机,能传输实时图像到地面控制站。其设计技术参数是:翼展 15.24 cm,起飞质量 85 g,巡航速度 48 km/h,续航时间大于 20 min,飞行高度 15～

图 11 - 2　AeroVironment 公司的 Black Widow

90 m,任务范围 5 km,总耗电量 15 W。整机质量分配:动力源 44.5 g,有效载荷 18 g,发动机 5 g,机体结构 9 g。

图 11 - 3　美国桑德斯公司等的 MicroSTAR

　　美国国防部高级研究计划局(DARPA) 2002 年宣布将与航空环境公司合作,开始以燃料电池为动力、续航时间达数小时的微型无人机的试飞。该系列的另一种微型无人机是以锂电池为动力的"黄蜂",也是航空环境公司制造的,于 2002 年 8 月创造了 1 小时 47 分的续航时间纪录,见图 11 - 4。通过使用多功能材料改善微型无人机性能的另一个系列叫作"大黄蜂"。"大黄蜂"的机翼结构也是氢燃料电池动力系统。流经机翼上面的空气向燃料电池供氧,氧气与存储的氢混合产生电能和水。士兵可以随身携带,需要使用时通过手掷使其起飞。

图 11-4   美国航空环境公司的"黄蜂"

此外,美国海军研究实验室(NRL)开发了一种超小型电子干扰机 MITE(见图 11-5),翼展约 15 cm,重 65 g,飞行速度 36 km/h,续航时间 20 mim,可携带约 15 g 的雷达干扰载荷,能自动飞抵目标,用非常低的功率在近距离内对雷达进行干扰。机翼内装有锂电池或燃料电池,动力装置为无刷直流电动马达,通过减速器驱动一对反向旋转的螺旋桨。美国 MLB 公司则研制了内燃机驱动的 Trochoid(见图 11-6),采用飞行翼布局,翼展为 20.32 cm,飞行速度 16~97 km/h,能在较大风速下飞行 18.5 min。美国佛罗里达大学正在研制的微型飞行器,采用一种碳-环氧树脂作机体架构,上覆一层薄薄的乳胶材料,具有类似蝙蝠翅膀的柔性机翼。该飞行器最大尺寸为 15 cm,总重约 52 g,采用内燃机驱动,飞行速度 24~40 km/h,续航时间 15 min,可携带一个摄像机和传送器。

图 11-5   美国海军研究实验室的 MITE

图 11-6   MLB 公司的 Trochoid

国内也有多家单位开展了固定翼微型飞行器研究,但总体水平差距较大。清华大学摩擦学国家重点实验室于 2000 年研制了一种微型固定翼飞机,翼展为 25 cm,长 25 cm,空机质量 150 g,留空时间约为 3 min,采用 0.8 mL 两冲程活塞发动机。2003 年,北京航空航天大学航空学院和清华大学精密仪器系先后研制了翼展 32 cm 的微型电动固定翼飞机(见图 11 - 7 和图 11 - 8),总质量 135 g,带有微型摄像头,可以将空中拍摄的图像实时传到地面接收站的计算机上,续航时间 10~20 min。清华大学在之后的几年期间为该飞行器设计安装了微型飞行控制系统,基本达到了四边航线自动飞行的目标。

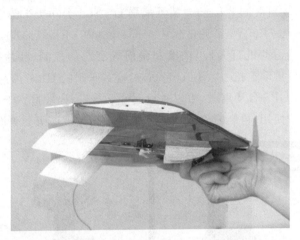

图 11 - 7　北京航空航天大学的 MAV

图 11 - 8　清华大学的 MAV

2. 微型旋翼飞行器

微型旋翼飞行器设计较固定翼复杂,但与固定翼 MAV 相比,微型旋翼飞行器的最大优点是:能够垂直起降和悬停,机动性好,适宜在比较狭小的空间或复杂地形环境中使用。因此,在 MAV 研究热潮中,微型旋翼系统也成了研究热点。

Kolibri 旋翼式微型飞行器是由 Lutronix 公司与 Auburn 大学合作开发的,见图 11-9。该机有单旋翼和共轴双旋翼两种型号,外形结构为圆柱形,上部装旋翼,下部带照相设备,无尾桨。旋翼直径 10.16 cm,起飞质量 316 g,有效载荷 100 g,具有三轴向稳定性,续航时间 2 h;动力装置采用 D-Star 公司提供的重 37 g 的微型柴油发动机,功率可达 74.6 W,消耗量仅为 6~12 g/(W·h),燃油重 132 g。该机利用叶片在下旋流中的运动进行俯仰、横滚和偏航等姿态的控制,叶片通过具有 50 Hz 频率的压电传感器带动。机上装有 Draper 实验室研制的 GPS/加速度计/陀螺仪集成导航系统,采用 GPS 自动驾驶,可以垂直起降和悬停,比较适宜于在室内等狭小空间或较复杂环境中使用,可装载红外线成像装置或高灵敏窃听器等设备。

Rotary-wing MAV

图 11-9 Lutronix 公司与 Auburn 大学合作开发的 Kolibri

2003 年 11 月,日本的爱普生公司发布了一种据称为世界最小的无人驾驶直升机的原型机,见图 11-10。该飞行器装备两列桨叶,飞行时可向各个方向旋转。旋翼直径为 13 cm,高度为 7 cm,总质量仅为 8.9 g。其以一种小巧、轻便、高功率的超声波马达驱动,采用 Mid-air 控制技术(质心位移控制系统)控制直升机稳定飞行,具有超微小精密电路(包括高频电路和控制电路)和低功耗无线模块。其无线传输模块/控制器重 2.5 g,传感器重 0.9 g,机械部分重 5.1 g;目前,其能源供应主要来自一根固定在机上的细电缆,电压 3.5 V,功率 3 W。

在微旋翼飞行器研究中,还有一些机构试图研究尺寸更小的厘米级的 MAV,但目前都还处在起步阶段。美国斯坦福大学正在研究的 Mesicopter 微型直升机(见图 11-11),其机身为 16 mm×16 mm 的方形框架,有 4 个螺旋桨,分别由直径 3 mm、重 325 mg 的微电机驱动;每个螺旋桨直径为 15 mm,厚度仅 0.08 mm。目前已完成实验样机在一竿臂上的离地起飞。德国的 IMM 公司于 1997 年研制的双旋翼微型直升机（Microhelicopter），其纵长为 24 mm，高 8 mm，重 0.4 g，旋翼直径 13 mm；机身为铝质材料，旋翼由图漆纸制成。采用两个直径 2 mm、长 5 mm 的微电机驱动，通过外接电源和比头发细得多的长导线，使电动机轴端的旋翼旋转。在有限制的情况下，离地飞行高度为 134.6 mm。国内上海交通大学也在研究一种厘米级的双旋翼微型直升机，机长 18.8 mm，高 4.6 mm，重约 0.11 g，旋翼直径 14 mm，旋翼和机身均由陶瓷材料制成，驱动部件为上海交通大学研制的 2 mm 电磁型微电机。目前，该微型直升机可沿一竿轴上下飞行。

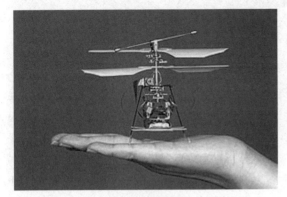 

图 11 - 10　爱普生公司的无人驾驶直升机　　　图 11 - 11　斯坦福大学的 Mesicopter
　　　　　　的原型机　　　　　　　　　　　　　　　　　微型直升机

3. 微型扑翼飞行器

微型扑翼飞行器是一种模仿鸟类或昆虫飞行的新型飞行器，在应用技术上超出了传统的飞机设计和气动力的研究范畴。与微型固定翼和旋翼飞行器相比，其主要特点是将举升、悬停和推进功能集成一体，可以用很小的能量进行长距离飞行，同时具有很强的机动性和灵活性，更适于执行侦察任务。根据仿生学和空气动力学研究，在翼展小于 15 cm 时，扑翼飞行能产生远大于固定翼和旋翼飞行方式所能产生的升力。

Microbat 微型扑翼飞行器由加州理工学院（Caltech）、AeroVironment 公司及加州大学（UCLA）共同研制（见图 11 - 12），首架原型机于 1998 年 10 月试飞，是最早的仿生物飞行方式的电动扑翼飞行器。机体骨架和机翼采用新型超强复合材料，机翼模仿蝙蝠和昆虫的翅膀，采用 MEMS 技术加工制作；以锂离子高能电池为动力，通过低摩擦轻型传动机构将微电机的转动转变为机翼的扑动。该飞行器已经发展了 4 种不同的原理样机。飞行性能最好的是第 4 代样机，总重 11.5 g，最大尺寸 20.32 cm，扑翼频率为 20 Hz，飞行方式为无线电遥控飞行。2002 年 8 月，该飞行器创下飞行 22 分 45 秒的航时新纪录。该机可携带一台微型摄像机或音响传感器,具有上下行数据链路。

图 11 - 12　Caltech、AeroVironment 公司和 UCLA 的 Microbat 微型扑翼飞行器

美国佐治亚理工大学(GTRI)、英国剑桥大学及 ETS 实验室正在共同研制仿昆虫的 Entomopter 微型飞行器(见图 11 - 13)。该飞行器机翼为蝴蝶翅膀状,采用特殊结构和材料制成,翼展为 25.4 cm,用一种往复式化学肌肉(Reciprocating Chemical Muscle,RCM)驱动。RCM 是一种不通过燃烧反应就可以将化学能转化为机械能的机构,具有较高的能量转换效率。燃料注入后,能使翅膀以 10 Hz 的频率上下拍动,并能产生飞行控制所需的电能。在概念设计中,该飞行器的每一部分设计都很独特,如机翼上下扇动能根据昆虫飞行原理提供升力,并使飞行器具有盘旋能力;尾部天线能够增加平衡作用;腿不仅可使飞行器着地和在地面移动,又能存放燃料,此外还能提高转动惯量以增加飞行中的横滚稳定性。

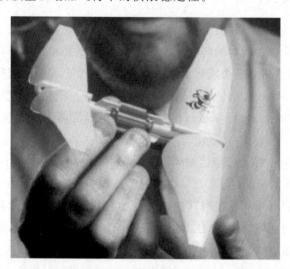

图 11 - 13　GTRI 等的 Entomopter 微型飞行器

此外,在 DARPA 的资助下,美国斯坦福研究中心(SRI)和多伦多大学正在共同研制一种扑翼微型飞行器 Mentor(见图 11 - 14),最大翼展为 15 cm,重 50 g,采用电致伸缩聚合体人造肌肉(Electrostrictive Polymer Actuated Muscle,EPAM)为动力。美国加州大学伯克利分校(UC Berkeley)自 1998 年开始研制一种微机械飞虫 MFI (Micromechanical Flying Insect)(见图 11 - 15),MFI 根据仿生学原理进行设计,翅膀用可收拢的薄聚酯制造,能模仿苍蝇的飞行特点,尺寸为 10～25 mm,质量不超过 43 mg。MFI 的驱动器可以使翅膀做大幅度扑动,振动频率达到 150 Hz。他们声称已经发现一种特殊的翅膀运动,能提供 4 倍于昆虫重量的升力。Vanderbilt 大学的 CIM 也在发展一种利用压电原理驱动机翼的微型扑翼机器昆虫(见图 11 - 16),这种人工昆虫目前的翼展为 15 cm,机翼驱动系统由陶瓷压电材料制成并由质量约 15 g 的锂电池供电。德国的 IMM 已经研制出了一种直径 1.9 mm、长度 5.5 mm、质量 91 mg、最大转速达 10×10^5 r/min 的微型电机,同时利用这种微型电机制成了一架串列式双旋翼的微型试验直升机(见图 11 - 17)。该微型试验直升机的身长 24 mm, 质量 400 mg。

图 11 - 14　SRI 与多伦多大学的 Mentor

图 11 - 15　UC Berkeley 的微机械飞虫 MFI

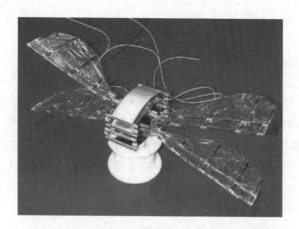

图 11 - 16　Vanderbilt 大学的微型扑翼机器昆虫

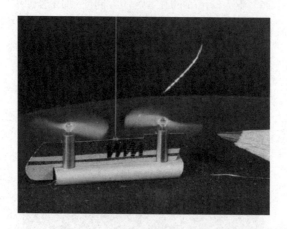

图 11 - 17　IMM 的微型试验直升机

　　国内的西北工业大学也在研制微型扑翼飞行器,该飞行器采用锂聚合物电池和微电机驱动、碳纤维机架、柔性机翼,全机质量约 15 g,扑翼频率 15～20 Hz,飞行方式为无线电遥控飞行。上海交通大学正在研究翼展为 50～60 mm 的基于电磁和压电驱动的扑翼 MAV 方案。南京航空航天大学在 2004 年 4 月研制成功了国内第一架能在空中悬浮飞行的扑翼飞行器。

11.1.3　微型飞行器的关键技术

　　微型飞行器主要由机身结构、推进动力、飞行控制和通信数据处理以及侦测传感器等物理子系统组成,其典型结构如图 11 - 18 所示。尺寸的微型化给 MAV 的研制带来了许多难以克服的困难,其气动力、结构设计、动力配置、飞行动力学和导航控制技术等皆有不同于常规飞行器的特点。其进一步发展要达到实用化目标,还期待诸多领域关键技术问题的解决。

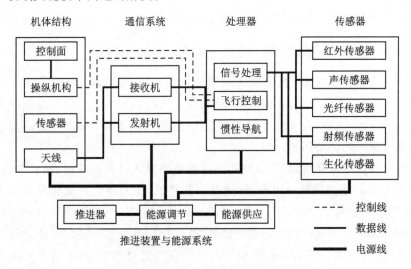

图 11-18　微型飞行器的典型系统结构

1. 低雷诺数下的高升阻比升力新机制

微型飞行器与常规飞行器的空气动力学特性有很大不同。常规飞行器的雷诺数为 $10^6 \sim 10^8$,空气的粘性效应可以忽略。而 MAV 由于主尺度较小,飞行速度较低,相应的雷诺数范围为 $10^2 \sim 10^5$,空气粘性效应突出,层流占主导地位,气动力会出现一些与高雷诺数下显著不同的特性。对固定翼 MAV,其机翼附面层对角度的变化变得非常敏感,姿态的微小变化都很可能会导致机翼附面层分离,形成层流分离泡,使机翼气动特性变坏,出现阻力增大、升阻比大幅度下降、升力系数随攻角呈非线性变化等现象,从而对总体气动性能和控制带来非常不利的影响。而对于旋翼MAV,其螺旋桨的推进效率也将随着飞行雷诺数的减小而降低。因此,如何提高升力、降低阻力和消除气动力非线性变化带来的影响,成为微型飞行器气动力研究面临的一个关键问题。从目前的研究情况看,获得高升阻比的方法主要有:优化气动外形和机翼形状,采用各种有效的增升、减阻措施;利用非定常外部激励效应(如扰流片、吹吸气、动壁效应等);采用仿生运动力学方法。对于主尺度在 25 cm 以上的MAV,在固定翼外形的基础上采用前两种方法有可能解决问题。但对于主尺度小于15 cm 的 MAV,要获得足够高的升阻比,采用仿生力学的手段将是解决问题的更好出路。

MAV 的小尺寸和低速度意味着它们的工作环境更类似于鸟和飞行昆虫,那些出自大自然的进化杰作为人工微型飞行器提供了非常值得借鉴的气动布局设计和高升力机制。目前,已知鸟类和昆虫等飞行动物产生高升力的方法主要有:利用扑翼、Weisfogh 扑动、翼自身的非定常运动、翼的展向和弦向弯/扭变形、非平面串列翼布局以及利用开裂式翼尖或锯齿状后缘等。

2. 抗干扰稳定飞行问题

微型飞行器由于尺度、质量和转动惯量都很小，机翼过载很低，几乎不存在惯性，很容易受到不稳定气流（如湍流或阵风）甚至飞行器操纵引起的不稳定因素的影响，抗干扰飞行能力很差。MAV 要走向实用化，其抗干扰和对复杂飞行环境的适应能力是必须解决的关键问题之一。

常规飞行器是依靠副翼、升降舵和方向舵来操纵飞行器的滚转、俯仰和偏航的。而对于 MAV，由于舵面尺寸很小，气动效率非常低，仅利用舵面偏转提供抗干扰能力，其作用非常有限。对于主尺度大于 25 cm 的固定翼飞行器，尚可以采用性能优异的偏转舵面控制系统并附加陀螺增稳装置，以保证其能够在自然风或其他外界干扰下稳定飞行；但对于更小尺度的 MAV，由于在飞行过程中，风速等参数变化所引起的雷诺数波动可以达到 30% 以上，飞行环境是高度非定常的，靠上述控制方法已很难达到保持稳定飞行的目的。解决问题的途径之一是发展基于 MEMS 的新型控制方式，比如在 MAV 的表面分布微气囊和微型智能自适应机构，通过采用微喷流干扰控制和柔性翼自适应外形控制等，实现对 MAV 的飞行控制。自然界许多尺度与 MAV 相近的鸟类或昆虫，都能够在强风和复杂环境下悬停或稳定飞行，具有很高的飞行稳定性和机动能力，主要原因是它们能够在飞行过程中充分利用非定常气动效应，它们的翅膀以及身体可根据外界条件的变化产生自适应变形，从而始终保持最有利的体位和飞行状态。采用仿生扑翼和柔性可变翼型将是很有前途的解决方法，有关这方面的很多问题都需要深入研究。

3. 微型动力装置和能源

微型动力装置是目前微型飞行器发展面临的最大制约因素之一。作为 MAV 的关键设备，它需要在极小的体积内产生足够的能量并转换为 MAV 的驱动力以及维持机载设备工作所需的电能。没有先进的推进系统，MAV 就飞不起来；没有高能量储备的动力源，MAV 的滞空能力就会受到限制而很难走向实用化。研制高功率密度和高能量密度的微型动力装置和微动力源将是伴随 MAV 研究发展的关键基础技术问题。

现在可用的能源/动力装置主要有：电池/电动机组、微型内燃式发动机、微型涡轮发动机等。电池/电动机组合是 MAV 最常用的动力源，目前电动机已可以做的非常微型化，例如德国 IMM 公司研制的 2 mm 微电机和我国上海交通大学研制的 1 mm 和 2 mm 微电机等；但是，电化学电池（如镍镉电池、镍氢电池、锂电池等）的能量密度还比较低，锂离子电池的能量密度只有 $0.2 \sim 0.3$ W·h/g，如能采用固态氧化物燃料电池,其能量密度可比普通电池高出 2～4 倍,但总能量和能量释放率也还有待提高。内燃式发动机采用矿物质燃料,从能量转换效率来看,相同重量的矿物燃料燃烧所放出的能量要比一般电池所放出的能量多,能量密度比电池高,因此微型内燃机也被认为是比较有希望的微动力装置。但是,内燃机的效率还比较低,热效率只有 5% 左右,功率密度不过 1 W/g,燃料消耗量为 0.3～0.5 g/(W·h),而且还存在难以节流、噪声大及可靠性差等方面的问题,要解决这些瓶颈还需要做大量的相关工作。另一种潜在的动力源是微型涡轮发动机,如涡轮燃料发动机和涡轮喷气发动机等高能量燃料发动机,但技术上要成熟还需要时间。美国 M-DOT 公司研制了一种微型涡轮发动机,长 7.6 cm,直径 4.3 cm,质量 85 g,推力 6.272 N;美国 MIT 也研制出一种纽扣大小的微型涡轮发动机,采用 MEMS 技术加工制作,使用氢燃料,直径为 12 mm,厚度为 3 mm,质量仅为 1 g,输出功率可达 10～30 W,最大推力为 1 N;美国加州理工大学开发了一台微转子发动机,质量为 2 g,进口直径为 2 mm,能产生 10～100 mW 的功率,由于转子发动机无阀门,较易微型化,因此是一种发展前景广阔的动力装置。此外,往复化学肌肉(RCM)、电致伸缩人造肌肉(EP-AM)、弹性动力、热电动力和太阳能等新技术目前也在研究中。

4. 机载飞控、导航及通信系统的微型化

飞行控制和导航系统是微型飞行器中必不可少的重要设备。由于低雷诺数下的空气动力学效应,MAV 必须配备完全集成、高度自动化的飞行控制系统,来提供足够的快速反应能力并保持系统的稳定性;另外,MAV 所要完成的任务,常常决定其要飞离操纵者的视线,意味着它必须具备自主导航能力。因此,研制体积小、重量轻、功耗低的基于 GPS/INS 和地形匹配导航等综合的飞控和导航系统,对 MAV 来说非常关键。

GPS 可以大大提高飞行器的自主导航能力,但目前一套小型 GPS 设备就需要 0.5 W 的功率和重达 20～40 g 的天线,而且 GPS 系统的工作需要相当大的数据处理能力;飞行器姿态控制系统中常用的微型地平仪、微型高度计,导航系统中的微型加速度计、微陀螺仪,飞控系统中的微型空速计、微型舵机以及在 MAV 上应用的微型摄像机等,目前的尺寸和重量还偏大,如何实现这些机载元器件的 MEMS 化,以更小的尺寸和重量来适应 MAV,美国 Draper 实验室目前正在研制集 GPS、加速度计和陀螺仪等惯性测量器件于一体的组合集成装置,其中低功耗的 GPS 接收机是其研究的关键技术。我国包括清华大学和东南大学等在内的许多研究机构也都在从事各种微型惯性器件的研制,其中包括微型加速度计、微型陀螺仪和微型惯性测量系统等,这些微型惯性器件都有可能在微型飞控和导航系统中得到应用。

对通信系统的挑战主要涉及飞行器的小尺寸及其所能搭载的小天线,以及用有限的可用能源来支持宽带数据传输的问题。MAV 要想真正具备实用价值,必然要

搭载各种侦察传感器,如微型摄像机、声音探测器、红外探测器及生化探测器等。MAV 在获取图像或其他情报后,接下来的实时传输问题便非常关键了。其中,通信系统的功耗再次对 MAV 的能源提出了较高要求。视频传送所需的电力一般要占 MAV 总电力的 1/5,推进动力随着 MAV 尺寸的变小会越来越小,但传送规定带宽的视频图像的电力却不能减小;还有就是远距离数据的实时处理与传输。目前采用毫米波通信,数据传输率约为 2 Mbps,但最大传输距离仅为 3 km。因此,如何降低通信系统的功耗,扩展其通信传输距离,实现其微型化和微功率化,也是 MAV 走向实用化所必须解决的一项关键技术。其中,借助网状通信可能是一个比较有效的解决途径。

5. 系统集成与优化设计技术

微型飞行器是一个涉及空气动力学、能源、材料、电子、机械、控制、信息等多个学科领域的复杂系统。由于 MAV 的体积小,其机体容量和承载能力受到很大的限制,不可能像常规飞行器那样,有足够的机体内部空间供各种部件有选择地安装,唯一的办法就是将其各组成部件微型化并加以系统集成。

MEMS 和智能材料技术的发展为 MAV 的系统集成提供了重要的技术基础。从 MAV 设计要求和所需具备的功能来看,MAV 应是一个多种功能子系统高度集成的复杂系统。在微小体积、质量和能源限制下所要求的多功能性必须通过高度的集成设计来实现,即每一种物理部件都可能要有多种用途,实现多种功能。如能源和推进子系统不仅提供飞行动力,而且支持关键的电子和飞行控制功能;机翼既可用作天线,也可用作传感器,还可用作执行机构;而能源动力则可能和机身结构集成在一起。从工程学角度分析,这些集成在一起的多功能体之间必然存在耦合以及其他相互干扰因素,如何克服这些干扰因素,保证整体系统正常工作,将是 MEMS 技术用于微型飞行器所要解决的关键问题。而由于 MEMS 器件本身的微小化、跨学科、高度集成特性等所带来的设计的复杂性,以及 MEMS 微细加工方法带来的对设计本身的制约等,也使 MAV 的设计变得更加复杂。

运用多学科设计优化方法(Multidisciplinary Design Optimization,MDO)可以从理论上综合空气动力学、结构分析、性能与操稳计算、控制系统、推进系统等多门学科知识,可以较好地统筹 MAV 的推力、重量、控制、通信、导航等方面的要求,对 MAV 进行一体化的分析与设计,从而极大地提高系统的综合效率。但是,目前大多数 MDO 研究往往只涉及气动、结构等学科,而且 MDO 模型的精确度和方法也还有待完善。因此,发展和完善 MDO 方法,形成实用的多学科设计优化平台,也是有效设计 MAV 需要解决的关键问题之一。

11.1.4　展　望

综观微型飞行器的研究现状及其未来可预期的关键技术突破,可以预见,微型飞行器未来的研究将朝多样化、实用化、智能自主飞行和仿生的方向发展,与 MAV 有关的各种微型器件将得到进一步完善。

① 未来 MAV 的飞行机理、外形尺寸、气动布局、机体结构、推进动力等将呈现多样化的发展,微型固定翼、微型旋翼和微型扑翼飞行器的研究都将得到关注。随着研究的深入,微型扑翼飞行器的研究将可望成为最大的热点。

② 实用化是 MAV 发展的最终目标。目前,由于 MAV 的持续推进动力、抗风稳定飞行能力、微型通信、导航和传感器等问题尚未得到很好的解决,所以 MAV 离真正的实用化还有相当的距离。从目前的研究基础看,固定翼 MAV 的技术在未来几年可望率先发展成熟。

③ 智能微型飞行器是 MAV 发展的最高形式,代表了未来的发展趋势。目前,MAV 的发展还提不到智能自主飞行的高度,绝大部分都还局限于地面遥控飞行＋自主导航方式。抗干扰稳定飞行控制技术还有待发展应用,飞行控制和导航系统还要进一步提高精度和处理能力,实现集成和微型化。但可以预见,随着这些基础技术问题的解决,智能控制、智能导航、任务规划、视觉和仿生智能等技术的充分发展和应用,各种 MAV 最终可望实现智能自主的飞行。

④ 仿生扑翼微型飞行器将会蓬勃发展。随着研究的深入,特别是固定翼 MAV 在低雷诺数下所遇到的难于克服的空气动力学问题和抗干扰稳定飞行问题,促使人们开始寻找新的高升阻比升力机制和抗干扰飞行技术。自然界的飞行生物为此提供了最佳的示范。已知自然界与 MAV 所处飞行雷诺数相当的小型飞鸟和飞行昆虫,无一例外地均采取扑翼飞行方式。这些生物经过历时漫长的自然进化,获得了与它们飞行雷诺数范围相适应的一套飞行技能,能够充分利用非定常空气动力特性获取高升力,具有很高的飞行稳定性和机动能力。早在 20 世纪初,人们就开始注意做扑翼飞行的鸟类和昆虫的运动特点,并开始模仿鸟类飞行,只是由于扑翼机构的复杂性,在当时技术条件下未获成功。近年来,随着 MEMS 技术、智能材料与结构、智能自主飞行控制等技术的发展,已经有可能研制出这样的仿生飞行器。MAV 的研究再次激起了人们研究仿生扑翼飞行器的巨大热情,仿生扑翼飞行器在未来将得到快速发展。

微型飞行器不是普通飞机或直升机的小型化,它是集 MEMS 技术、新型推进技术、飞行控制、轻质能源、通信技术以及智能材料和结构等于一体的集成化智能飞行系统。综观微型飞行器的研究现状及其未来可预期的关键技术突破,可以预见,微型飞行器未来的研究将朝多样化、实用化、智能自主飞行和仿生的方向发展。正如同探索机械飞行的初期,航空先驱们通过对自然界飞行生物的有意识或无意识地观察、模仿和实验,不断地获得来自飞行生物的启迪,有力地推动了机械飞行器的发展。同样,面对飞行器的微型化所带来的挑战,对早已被自然界优化出的智能微型飞行器——昆虫及小型飞鸟的研究,也将为设计微型飞行器带来有益的启示。

11.2 航天飞行器

11.2.1 空间探测器

空间探测器就是对月球和月球以外的天体和空间进行探测的无人航天器,又称深空探测器。空间探测器包括月球探测器、行星和行星际探测器。空间探测器是深空探测的主要工具。深空探测主要包括月球探测、行星探测和行星际探测。探测的主要目的是:了解太阳系的起源、演变和现状;通过对太阳系内的各主要行星的比较研究进一步认识地球环境的形成和演变;了解太阳系的变化历史;探索生命的起源和演变。空间探测器实现了对月球和行星的逼近观测和直接取样探测,开创了人类探索太阳系内天体的新阶段。

空间探测系统包括空间探测器和深空网。空间探测器是系统的空间部分,装载科学探测仪器,执行空间探测任务。为执行不同的探测任务和探测不同的目标,可构成不同的空间探测系统。空间探测的主要方式有:

① 从月球或行星近旁飞过,进行近距离观测;

② 成为月球或行星的人造卫星,进行长期的反复观测;

③ 在月球或行星表面硬着陆,利用坠毁之前的短暂时机进行探测;

④ 在月球或行星表面软着陆,进行实地考察,也可将取得的样品送回地球研究。

1959 年 1 月,苏联发射了第一个月球探测器——月球 1 号,此后美国发射了徘徊者号探测器、月球轨道环行器、勘测者号探测器和阿波罗号飞船。20 世纪 60 年代初期,美国和苏联发射了多种行星和行星际探测器,分别探测了金星、火星、水星、木星和土星,以及行星际空间和彗星。其中有先驱者号探测器(美国)、金星号探测器(苏联)、水手号探测器(美国)、火星号探则器(苏联)、太阳神号探测器(美国与德国合作)、海盗号探测器(美国)、旅行者号探测器(美国)。近年来,美国、欧洲和日本又相继发射了月球和行星探测器,如伽利略木星探测器、卡西尼土星探测器、火星探路者、行星 B 火星探测器等。

空间探测器离开地球时必须获得足够大的速度才能克服或摆脱地球引力,实现深空飞行。探测器沿着与地球轨道和目标行星轨道都相切的日心椭圆轨道(双切轨道)运行,就可能与目标行星相遇,或者增大速度以改变飞行轨道,可以缩短飞抵目标行星的时间。例如,美国旅行者 2 号探测器的速度比双切轨道所要求的快 0.2 km/s,到达木星的时间缩短了将近 1/4。

为了保证探测器沿双切轨道飞到与目标行星轨道相切处时目标行星恰好也运行到该处,必须选择在地球和目标行星处于某一特定相对位置的时刻发射探测器。例如飞往木星约需 1 000 天的时间,木星探测器发射时木星应离会合点 83°(相当于木星在轨道上走 1 000 天的路程)。根据一定的相对位置要求,可以从天文年历中查到相应的日期,这个有利的发射日期一般每隔一二年才出现一次。探测器可以在绕飞行星时,利用行星引力场加速,实现连续绕飞多个行星。

空间探测器是在人造地球卫星技术基础上发展起来的,但是与人造地球卫星相比,空间探测器在技术上有一些显著特点。

空间探测器飞离地球几十万到几亿千米,如果入轨时速度大小和方向稍有误差,那么到达目标行星时就会出现很大偏差。例如,火星探测器入轨时,速度误差 1 m/s(大约是速度的万分之一),到达火星时距离偏差约 10 万千米。因此,在漫长飞行中必须进行精确地控制和导航。飞向月球通常是靠地面测控网和空间探测器的轨道控制系统配合进行控制的。行星际飞行距离遥远,无线电信号传输时间长,地面不能进行实时遥控,所以行星和行星际探测器的轨道控制系统应有自主导航能力。例如,美国海盗号探测器在空间飞行 8 亿多千米,历时 11 个月,进行了 2 000 余次自主轨道调整,最后在火星表面实现软着陆,落点精度达到 50 千米。此外,为了保证轨道控制发动机工作姿态准确,通信天线始终对准地球,并使其他系统正常工作,探测器还具有自主姿态控制能力。

为了将大量的探测数据和图像传送给地面,必须解决超远距离的数据传输问题。解决方法是在探测器上采用数据压缩、抗干扰和相干接收等技术,还须尽量增大无线电发射机的发射功率和天线口径,并在地球上多处设置配有巨型抛物面天线的测控站或测量船。空间探测器上还装有计算机,以完成信息的存储和处理。

太阳光的强度与到太阳距离的平方成反比,外行星远离太阳,那里的太阳光强度很弱,因此外行星探测器不能采用太阳电池电源,而要使用空间核电源。

空间探测器承受十分严酷的空间环境条件,有的需要采用特殊防护结构。例如太阳神号探测器运行在近日点为 0.309 天文单位(约 4 600 万千米)的日心轨道,所受的太阳辐射强度比人造地球卫星高一个数量级。有些空间探测器在月球或行星表面着陆或行走,需要一些特殊形式的结构,例如适于在凹凸不平的表面上行走的挠性轮等。

空间探测器在为人类探索天体和未知宇宙空间方面做出了无数彪炳史册的贡献。在这些探测器的工作潜力耗尽后,科学家为它们安排了哪些归宿呢? 归纳起来大致有 5 种"归途",如下:

①"浪迹天涯"。以美国"先驱者10号"探测器为例,1972年升空的这个"先驱者"率先穿越小行星带,成功到达木星附近并获取其图像。2003年已飞出太阳系的这个人造天体中断了与地球的联系,开始"漂泊"。

②"粉身碎骨"。20世纪60年代初期发射的几个美国"漫游者"系列探测器都以撞击月球的方式结束了一生,在撞击月球前它们发回了1万多张清晰的月球照片。与此次击中月球的"智能1号"不同的是,"撞月"是"漫游者"们接近并考察月球的主要方式,而"智能1号"撞击月球属于"发挥余热"。

③"无限期驻守"。2004年1月先后以软着陆方式登上火星的美国"勇气"和"机遇"号火星车,空前广泛、细致地实地考察了火星。待其工作能力消耗殆尽后,两辆火星车将永远伫立在火星上度过余生。

④"荣归故里"。1970年发射的苏联"月球16号"探测器,在航天史上首次实现在月球上着陆、采集月岩样品并返回地球,这一成果大大丰富了当时人类对月球的认识。

⑤"水深火热"。2003年9月,俄罗斯"进步M1-10"货运飞船与国际空间站分离后,作为探测卫星对地球上出现自然灾害的地区进行拍摄,并将影像数据传回地面控制中心。在如此工作约一个月后,该飞船坠入地球稠密大气,在摩擦燃烧中大部分化为灰烬,其残片落入太平洋指定水域。

各种探测器将以上述何种方式走完最后一段旅程,通常由专家根据它们的探测使命、所携设备和遥控技术水平等来决定。

11.2.2 人造卫星

人造卫星是个兴旺的家族,如果按用途分,可分为三大类:科学卫星、技术试验卫星和应用卫星。

科学卫星是用于科学探测和研究的卫星,主要包括空间物理探测卫星和天文卫星,用来研究高层大气、地球辐射带、地球磁层、宇宙线、太阳辐射等,并可以观测其他星体,见图11-19。

技术试验卫星是进行新技术试验或为应用卫星进行试验的卫星。航天技术中有很多新原理、新材料、新仪器,其能否使用,必须在天上进行试验;一种新卫星的性能如何,也只有把它发射到天上去实际"锻炼",试验成功后才能应用;人上天之前必须先进行动物试验。这些都是技术试验卫星的使命。

应用卫星是直接为人类服务的卫星,它的种类最多,数量最大,其中包括:通信卫星、气象卫星、侦察卫星、导航卫星、测地卫星、地球资源卫星、截击卫星等。

别看人造卫星个头不大,五脏可齐全呢!它的通用系统有结构、温度控制、姿态控制、能源、跟踪、遥测、遥控、通信、轨道控制、天线等系统,返回式卫星还有回收系

图 11 - 19　人造卫星在轨道运行时的想象图

统,此外还有根据任务需要而设的各种专用系统。

11.2.3　月球探测与登月车

人类的空间探测是从距地球最近的月球开始的。1959 年 1 月 2 日,苏联发射了世界第一个无人月球探测器——月球-1。后来,美国、苏联、日本三国又陆续发射成功了 49 个无人月球探测器,并在 1969—1972 年期间,把美国 6 艘载人飞船送上月球,使 12 名航天员踏上月面,成为 20 世纪最重大的科技成果。这些活动不仅大大充实了人们对月球的认识,而且对促进科技发展,未来开发月球上的氦-3 等矿产资源及水资源,建立月球基地等都是十分有意义的。目前,在月球轨道运行的美国月球勘探者号探测器在 1998 年证实月面有大量水冰,从而极大地激发了人类开发月球的兴趣。其造价仅 2 000 万美元,体现了当代空间探测器的发展趋势,即更快、更好、更省,见图 11 - 20～图 11 - 22。

在 20 世纪 60 年代的美国载人航天活动中,最为辉煌的成就莫过于阿波罗载人登月飞行。

早在 20 世纪 60 年代初,美国宇航局就提出了"阿波罗登月计划"。经过 8 年的艰苦努力,连续发射 10 艘不载人的阿波罗飞船之后,终于在 1969 年 7 月 16 日发射成功了载人登月的阿波罗 11 号飞船。

图 11 - 20　登月车

图 11 - 19　人造卫星在轨道运行的想象图

图 11 - 21　月球探测器想象图

　　阿波罗飞船由指令舱、服务舱和登月舱三部分组成,每次载三名宇航员,登月飞行结束后,返回地球的只有指令舱和三名宇航员。指令舱呈圆锥形,高 3.23 m,底面直径 3.1 m,像一辆旅行汽车那么大,发射质量约 5.9 t,返回地面时要丢弃辅助降落

图 11－22　月球探测车想象图

伞等物,这时质量只有 5.3 t。服务舱附在指令舱的下端,呈圆筒形,直径 3.9 m,高 7.37 m,舱重 5.2 t,装上燃料和设备后重 25 t。登月舱接于服务舱下面第三级火箭顶部的金属罩内,它分为下降段和上升段两部分,总长 6.79 m,4 只底脚延伸时直径为 9.45 m,重 4.1 t,如果包括燃料则重 14.7 t。下降段还装有考察月面的科学仪器,当上升段飞离月面时,下降段起发射架作用。

在载人登月的探索过程中,阿波罗 1 号至 10 号进行了多次不载人、载人的近地轨道飞行试验或登月预演。1969 年 7 月 16 日,阿波罗 11 号飞船经过长途跋涉,进入月球轨道,人类首次登月行动开始了。

船长阿姆斯特朗首先走上舱门平台,面对陌生的月球世界凝视几分钟后,挪动右脚,一步三停地爬下扶梯。5 m 高的 9 级台阶,他整整花了 3 分钟! 随后,他的左脚小心翼翼地触及月面,而右脚仍然停留在台阶上。当他发现当左脚陷入月面很少时,才鼓起勇气将右脚踏上月面。这时的阿姆斯特朗感慨万千:"对一个人来说这是一小步,但对人类来说却是一个飞跃!"18 分钟后,宇航员奥尔德林也踏上月面,他俩穿着宇航服在月面上幽灵似地"游动"、跳跃,拍摄月面景色,收集月岩和月壤,安装仪器,进行实验和向地面控制中心发回探测信息。

活动结束后,阿姆斯特朗和奥尔德林乘上登月舱飞离月面,升入月球轨道,与由科林斯驾驶的、在月球轨道上等候的指挥舱会合对接。三名宇航员共乘指挥舱返回地球,在太平洋溅落。整个飞行历时 8 天 3 小时 18 分钟,在月面停留 21 小时 18 分钟。时间虽然短暂,但却是一次历史性的壮举。

从1969—1972年底,美国共发射了7艘载人飞船进行登月飞行。其中,1970年4月11日发射的阿波罗13号飞船,途中由于服务舱氧气箱爆炸遇险,宇航员依靠登月舱的动力装置,并借助绕月飞行的助力,于17日平安返回地球,三名宇航员安然无恙。这次登月飞行被认为是一次成功的失败。其他6艘阿波罗号飞船,乘载18名宇航员参加登月活动,共有12名宇航员登上月球,在月面开展了一系列实地考察工作,包括采集月球土壤和岩石标本,在月面建立核动力科学站、驾驶月球车试验等。他们在月面共停留了302小时20分钟,行程90.6 km,带回381 kg月球土壤和岩石样品,实地拍摄了月面照片,初步揭开了月球的真实面貌。

11.2.4　火星探测与火星车

在行星探测中,人类最青睐的就是火星,因为它是离地球最近并且最为相似的一颗行星。世界上第一个成功飞掠火星的探测器是美国的水手-4,它于1965年7月15日从距火星1万千米处拍摄了21幅火星照片;1972年1月3日升空的美国水手-9探测器是世界上第一个人造火星卫星;美国海盗-1、2的着陆器则分别于1976年7月、9月在火星表面软着陆;1997年7月4日在火星表面着陆的美国"火星探路者"则首次使用了火星漫游车进行探测,而且总费用仅是当年海盗号的1/5,为未来的行星探测开创了美好的前景。1997年9月11日进入火星轨道的美国"火星环球勘探者"探测器,发回了大量火星资料,其中1999年发回了清晰的三维火星图片,使人类对火星一目了然。

苏联的火星探测计划可谓路途坎坷:1962年11月1日发射的火星1号在距地球1亿多千米的地方通信中断,考察失败;1971年5月19日发射的火星2号探测器,着陆舱在火星上着陆,但却失去联系;火星3号探测器虽然到达火星,但未完成预定的探测计划;火星4号未能进入火星轨道;火星5号虽然入轨,但工作时间很短;火星6号着陆失败,飘入苍茫天宇,不知去向。福波斯1号在宇宙空间已失去联系;福波斯2号对火星考察一段时间后,又出现故障;火星-96飞船发射后因故障坠入大海。

1998年12月11日和1999年1月3日,美国又分别发射了"火星气候轨道器"和"极地登陆火星探测器",拉开了新一轮火星生命考察活动的序幕,然而这两个探测器都功败垂成。

2003年6月10日,携带"勇气"号火星车的"火星探测流浪者"号探测器飞向太空。探测器于次年1月飞抵火星轨道,随后通过降落伞和气囊缓冲方式,向火星"古谢夫环形山"投下"勇气"号,以寻找那里是否有水的踪迹。"勇气"号火星车的"孪生兄弟""机遇"号火星车于2003年7月7日成功升空,在"勇气"号抵达火星3周后,也踏上火星表面开始了找寻水和生命存在踪迹的漫漫旅途,见图 11-23。

图 11-23　"勇气"号火星车登陆火星想象图

在"勇气"号和"机遇"号漫游车正在火星上开展探测之际,美国航宇局又在抓紧时间落实其下一代火星漫游车计划。这辆漫游车称为"火星科学实验室"(MSL),将在有可能存在过或目前仍存在着生命的一个火星表面区域开展探测和定量评估工作。火星科学实验室于 2011 年 11 月 26 日发射,在 2012 年 8 月 6 日成功登陆火星。这辆探测车比 2004 年登陆的火星探测器"机遇"号和"勇气"号重 5 倍,长 2 倍。比起之前其他火星任务,它携带了更多先进科学仪器,会分析从泥土中挖出、从岩石中钻取的数十个样本,探测更广大的区域。它还将调查火星以前或现在维持生命的可能性。

11.2.5　航天飞机

航天飞机是可以重复使用的、往返于地球表面和近地轨道之间运送人员和货物的飞行器。它在轨道上运行时,可在机载有效载荷和乘员的配合下完成多种任务。航天飞机通常设计成火箭推进的飞机,返回地面时能像滑翔飞机或飞机那样下滑和着陆。航天飞机为人类自由进出太空提供了很好的工具,是航天史上的一个重要里程碑。

航天飞机的飞行轨道通常是近地轨道,高度在 1 000 km 以下。需要在高轨道运行的有效载荷,也可以由航天飞机送上近地轨道后再从这个轨道发射进入高轨道。航天飞机的运载能力较大,往往采用多级组合的形式,可以串联或并联,也可以串、并联结合。

　　航天飞机进入轨道的部分叫作轨道器。它具有一般航天器所具有的各种分系统,可以完成多种功能,包括人造地球卫星、货运飞船、载人飞船甚至小型太空站的许多功能。它还可以完成一般航天器所没有的功能,如向近地轨道施放卫星,向高轨道发射卫星,从轨道上捕捉、维修和回收卫星等。

　　到目前为止,世界上真正投入使用的航天飞机只有美国航天飞机一种,见图 11-24。美国航天飞机是世界上第一种往返于地面和宇宙空间的可重复使用的航天运载器。它由轨道飞行器、外贮箱和固体助推器组成。每架轨道飞行器可重复使用 100 次,每次最多可将 29.5 t 有效载荷送入 185~1 110 km 近地轨道,将14.5 t有效载荷带回地面,航天飞机全长 56.14 m,高 23.34 m。轨道飞行器可载3~7 人,在轨道上飞行 7~30 天,即可进入低倾角轨道,也可进入高倾角轨道,可进行回合、对接、停靠,执行人员和货物运送,空间试验,卫星发射、检修和回收等任务。

图 11-24　航天飞机

　　航天飞机在发射场垂直起飞,上升过程中抛掉工作完毕的固体助推器的壳体和外贮箱,靠轨道飞行器内的发动机上升到地球大气层以外的轨道运行。完成任务以后,再改变速度,脱离轨道,重返大气层,像飞机一样滑翔回预定机场,水平着陆。轨道飞行器具有 2 000 km 横向机动能力。助推器回收后,经整修可再次使用,外贮箱不回收。

　　航天飞机发射时,3 台主发动机先点火,然后 2 台助推火箭点火,航天飞机升空,2 分钟后,助推火箭分离,轨道飞行器与外储箱靠 3 台主发动机推进继续升高,在进入轨道前,主发动机关闭,轨道飞行器与外储箱分离后点燃轨道机动发动机,用小推力把轨道飞行器精确地送入轨道。

　　返回时,轨道飞行器减速脱离轨道,进入大气层后按大仰角姿态飞行以增加气动阻力,随着飞行速度的下降飞行仰角也逐渐减小,最后进入亚声速滑翔飞行状态,在导航系统的引导下,像普通飞机一样在机场着陆。

11.2.6　宇宙飞船

载人飞船是能保障宇航员在外层空间生活和工作以执行航天任务并返回地面的航天器,又称宇宙飞船。它的运行时间有限,是仅能一次使用的返回型载人航天器。载人飞船可以独立进行航天活动,也可作为往返于地面和太空站之间的"渡船",还能与太空站或其他航天器对接后进行联合飞行。载人飞船容积较小,受到所载消耗性物资数量的限制,不具备再补给的能力,而且不能重复合作。

载人飞船具有多种用途,主要有:① 进行近地轨道飞行,试验各种载人航天技术,如轨道交会和对接及宇航员在轨道上出舱,进入太空活动等;② 考察轨道上失重和空间辐射等因素对人体的影响,发展航天医学;③ 进行载人登月飞行;④ 为太空站接送人员和运送物资;⑤ 进行军事侦察和地球资源勘测;⑥ 进行临时性的天文观测。

载人飞船一般由乘员返回座舱、轨道舱、服务舱、对接舱和应急救生装置等部分组成,登月飞船还具有登月舱。返回座舱是载人飞船的核心舱段,也是整个飞船的控制中心。返回座舱不仅和其他舱段一样要承受起飞、上升和轨道运行阶段的各种应力和环境条件,而且还要禁受再入大气层和返回地面阶段的减速过载和气动加热。轨道舱是宇航员在轨道上的工作场所,里面装有各种实验仪器和设备。服务舱通常安装推进系统、电源和气源等设备,对飞船起服务保障作用。对接舱是用来与太空站或其他航天器对接的舱段。

11.2.7　航天站

航天站就是能在太空长期停留的航天器,或称"轨道站""空间站"。从苏联把"礼炮"1号送入绕地轨道后,世界上已发射了3种类型的航天站。另外两种是美国的"天空实验室"和欧洲空间局的"空间实验室"。这3种航天器中的后两种都没有自身动力系统,因此,不可能长期留停太空;"礼炮"1号带有轨道机动系统,当大气阻力使其轨道高度变低时,可以启动轨道机动系统,爬升到预定轨道。不过,由于仪器设备和电源系统寿命的限制,工作几年后,也就不能再工作了。航天站的总体结构型式开始时是舱段式的,后来改为多对接口复合式,现已开始向桁架挂舱式发展。目前已上天的航天站实质上都不是永久性的。所谓"永久性航天站",是指在长寿命基础上增加轨道上的替换、补给和维修能力,使航天站的寿命延长到不再需要时为止。

因此,航天站的概念也在不断变革,从"长寿命"(5~10年)到"永久性"(无年限)是航天技术的一大飞跃和突破。有史以来,航天站上天的并不多,但是航天站的重要性促使科学家们对"永久性"航天站的概念不断扩大,已突破了由单一密封舱段组成的整体,发展为一列"太空列车"的航天器群。

航天站是太空中供宇航员们进行长期生活和工作的设施,为此,它需要具备许多基本的生活与工作条件,这些条件包括:① 轨道实验室,配备完备的各种实验设备条件;② 长期观察台,具有各种光学、雷达、无线电、红外、激光等观测和侦察设备;③ 物资贮藏库,能存放、周转各种物资;④ 生产装配车间,可进行各种太空产品的生产;⑤ 空间转运港,包括物资、设备、航天器和人员转运,犹如一个地面上的中转站一样;⑥ 生活宾馆,能为宇航员提供正常的犹如地面高级宾馆一样的生活条件,不仅具备衣、食、住、行的各种条件,还有足够的活动空间供宇航员休息、娱乐、锻炼身体等;⑦ 航天站自身生存力,包括保持轨道运行、防护自救等设施。

航天站一般具有七大作用,主要包括:① 进行科学实验,利用站上各种实验室和舱外平台等设施,进行包括生命科学、生物工程、天文观察、对地探测和空间环境考察等多种空间学科的研究实验;② 开发空间资源,利用航天站"得天独厚"的有利位置,获得诸如超高空、超洁净、超真空、超无菌、超微重力以及超阳光辐射等地面所不可能具有的自然条件,进行多种生产、科研活动;③ 发展空间产业,利用站上所获得的空间资源,进行特种材料加工和医药生产以及种种新产品生产;④ 进行高新技术试验,利用站上的特殊环境条件,进行通信、太阳能、空间推进、对地遥感等多种技术领域的实验工作;⑤ 在轨服务,可以在站上对本体维修,还可对其他航天器进行维修和设备的更新换代,以及建造大型空间设备等;⑥ 太空驿站,可作为飞往月球、火星等各大行星的过渡站、加油站、换乘站、供应站等;⑦ 军事作战,成为外层空间的第四战场指挥中心,可从事各种军事活动,包括侦察、照相、太空兵器发射和试验、指挥控制、协调联络等。

航天站通常由本体即中心构架、对接舱、气闸舱、轨道舱、生活舱、服务舱、专用设备舱和太阳能电池阵列板等组成。

对接舱:用于停靠飞船、航天飞机和各种航天器,一般有两个以上。开始的"礼炮"1 至 5 号只有一个对接舱口,到"礼炮"6、7 号增为两个,而"和平"1 号已达 6 个,未来的航天站将有 12~20 个。

气闸舱:用于密压舱段与真空空间之间的隔离段,为宇航员进出站内外提供必经的过渡通道,设有两道舱门,分别与密压舱和外壳舱相连。一般宇航员要在气闸舱内吸纯氧至少 3.5 h 才能出站活动,这叫"吸氧排氮"的"人体处理"。

轨道舱:用于宇航员的工作场所,包括实验室、加工室、航天站控制室和修理间。舱内形成了和地球常规环境、压力、温度、湿度等地面自然条件相同的人造环境条件。

生活舱:用于宇航员食、住和休息娱乐,一般设有卧室、餐厅、卫生间等,宇航员还能洗澡,沿"微型跑道"跑步,骑"自行车记功器"锻炼身体,以及散步、看电视,与地面通过可视电话进行聊天、联络等。舱内环境条件也和轨道舱一样。

服务舱:用于装备推进系统,即作为机动转移、调姿、加速、减速、侧滑等动力设置,气源和电源等能源保障设施,供全站使用。

专用设备舱:根据特定任务而设置的用于安装专用仪器设备的舱段,如空间探测器、天文望远镜、各种测试仪、电视摄像机以及遥控侦察照相机等。

太阳能电池阵列板:站载各种设施的用电电源。

11.2.8　微型航天器

我们需要一种更小、更快的航天器用于经常性的行星际科学任务,这就是微型航天器。美国国防部已经研制出质量为 10 kg 的微型航天器。这里把微型航天器定义为质量约 10 kg 的航天器。质量仅为 10 kg 的微型航天器并不是航天技术的新突破,实际上若干个这样的航天器已进入了地球轨道。不过把 10 kg 重的微型航天器用于行星际科学任务确实是一种新的设想。基于美国国防远景研究计划局(DARPA)和战略防御计划局(SDIO)的技术发展,用 10 kg 重的微型航天器执行科学和探索任务是具有可行性的。

自"空间时代"开始以来,喷气推进实验室(JPL)一直参与小型航天器的研制。1958 年,JPL 研制了第 1 颗小型探测器"探险者"(Explorer - 1),质量仅为 5 kg 左右。在此之后,随着运载能力的不断增加,航天器也越做越大。行星际航天器的净重增加了 10 倍以上,但随着时间的推移,发射频率却显著减少。当然有很多理由可以解释这两种现象,其中一个原因就是随着航天器重量的增加(能力提高和复杂性增加),其费用也随之增加。尽管用于体积增加的费用比率可能下降,但航天器的费用是绝对上涨的,而且其上涨速度远远超过了财政支持。航天器费用过高和财力的相对固定就会导致发射计划次数减少。一些人已对这种情况发出警告,认为我们现在的研究方向已经偏离了空间科学的美好未来。几十年来,空间任务规模越来越大,而次数却越来越少、越来越慢。

安排和执行费用较少的计划是一种显而易见的办法。而航天器的重量与费用相关,费用较少意味着航天器较小,甚至可能是微型航天器。"微型航天器"这一术语源于 1981 年,当时 JPL 正计划研制小型航天器(大约 50 kg)用于观测太阳。

1988 年,"微型航天器"这一术语再次被引用,这次是指由 SDIO 研发的先进技术来制造非常小的航天器。

微型航天器概念早已引起了广泛关注。1988 年 7 月,JPL 举行了题为"微型航天器的空间应用"的研讨会。经过为期 2 天的研讨,与会的空间科技人员听取了有关微型航天器概念方面的各类报告。研讨结果总结如下:

① 微型航天器(1～10 kg)在技术上是可行的。

② 可以使用微型航天器来执行一些科学和探索任务。这一类任务要求多航天器同步探测,如在行星或较小的实体表面,或在空间的某一适当区域。微型航天器

(1～10 kg)的优势在于花费较少(研制和发射费用),并且比大型(500～1 000 kg)航天器的风险小。

③ 在其他方面,微型航天器适合那些要求加速度很大的任务。

④ 微型航天器适用于上述任务类型并具有可行性,但并不适用于所有空间探索和科学任务,因此不能将其视为灵丹妙药。

微型航天器可以大幅度削减成本,提高发射频率,具有很好的发展前景。

附录　常用翼型

1. 翼型的描述

翼型是由中弧线和基本厚度翼型叠加而成的。翼型由几何要素组合生成，与翼型的上表面、下表面的等距离的曲线称为中弧线。中弧线与上表面和下表面的外形线在前端的交点称为前缘，在后端的交点称为后缘，前缘和后缘端点的连线称为弦线，这也是测量迎角的基准线。中弧线和弦线的间隔称为弯度，其最大值的位置称为最大弯度位置。

另外，翼剖面在中弧线垂直的方向测量的上表面和下表面的距离称为翼型厚度，其最大值称为最大厚度。对于普通的翼剖面，将垂直于弦线（除去前缘附近）的上下表面的距离作为翼型厚度差别也不大。翼型厚度沿弦线的变化称为厚度分布。

翼型的最大厚度与弦长的比值即相对厚度。比如，厚度 10% 的翼型，表示最大厚度和弦长的比是 10%。

翼型内切圆圆心的连线称为翼型的中弧线，如图 F-1 所示。

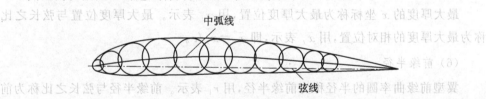

图 F-1　翼型的弦线与中弧线

以下是用于描述翼型的几个关键要素，如图 F-2 所示。

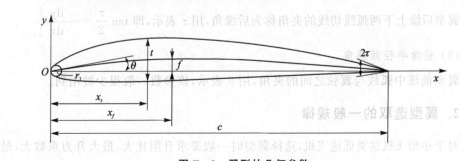

图 F-2　翼型的几何参数

（1）前缘、后缘

翼型中弧线的最前点和最后点分别称为翼型的前缘和后缘。

（2）弦　　线

连接前缘、后缘的直线称为弦线。

（3）弦　　长

弦线被前缘、后缘所截长度称为弦长，用 c 表示。

（4）弯　　度

1）最大弯度

中弧线坐标 y 的最大值 y_{max} 称为最大弯度，简称弯度，用 f 表示。相对弯度定义为弯度 f 与弦长 c 之比，并用 $\bar{f}$ 表示，即 $\bar{f}=f/c$。

2）最大弯度位置

最大弯度的 x 坐标称为最大弯度位置，用 $\bar{x}_f$ 表示。最大弯度位置与弦长之比称为最大弯度的相对位置，用 $\bar{x}_f$ 表示，即 $\bar{x}_f=x_f/c$。

（5）厚　　度

1）最大厚度

翼型的基本厚度坐标 y 的最大值的 2 倍称为最大厚度，用 t 表示，简称厚度。最大厚度与弦长之比称为最大相对厚度，用 $\bar{t}$ 表示，即 $\bar{t}=t/c$。

2）最大厚度位置

最大厚度的 x 坐标称为最大厚度位置，用 x_t 表示。最大厚度位置与弦长之比称为最大厚度的相对位置，用 $\bar{x}_t$ 表示，即 $\bar{x}_t=x_t/c$。

（6）前缘半径

翼型前缘曲率圆的半径称为前缘半径，用 r_1 表示。前缘半径与弦长之比称为前缘相对半径，用 $\bar{r}_1$ 表示，即 $\bar{r}_1=r_1/c$。

（7）后缘角

翼型后缘上下两弧线切线的夹角称为后缘角，用 τ 表示，即 $\tan\dfrac{\tau}{2}=-\dfrac{\mathrm{d}y}{\mathrm{d}x}\bigg|_{x=c}$。

（8）前缘半径倾斜角

翼型前缘中弧线与翼弦之间的夹角，用 θ 表示，该参数一般很少被用到。

2. 翼型选取的一般规律

对于小型飞机这类低速飞机，选择翼型时一般要求升阻比大，最大升力系数大，最小阻力系数小，低阻范围宽，失速过程缓和。它的外形特点是头部丰满，最大厚度靠前。

在进行翼型的选择时,应遵循翼型基本规律:

① 选择翼型要先确定飞机的用途、大小、重量、速度,再根据翼面负载、雷诺数选择合适的翼型;

② 薄翼型阻力小,但不适合大迎角飞行,且失速特性不佳,适合高速飞机;

③ 厚翼型虽然阻力稍大,但升力特性较好,不易失速;

④ 对于特技飞机可选用对称翼型,以满足正飞和倒飞的需要;

⑤ 对于飞行速度低、特技性能要求高的飞机,应优先考虑选用前缘半径较大的翼型。

3. 常用翼型

翼型名称,一般用设计者或者研究机构名字的缩写加上数字表示。比较有名的翼型研究所有美国的国家航空咨询委员会(NACA,现在更名为 NASA)、德国的哥廷根大学空气动力研究所、英国的皇家航空研究所 3 个机构,它们设计出了大量的高性能翼型。这里仅列出在设计制造样机时经常用到的一些翼型。这些翼型的数据主要取自于 Profili 软件。

(1) Clark Y 12% 翼型

该翼型形状,升力系数、阻力系数、升阻比和俯仰力矩系数随攻角的变化分别如图 F‑3～图 F‑7 所示。

图 F‑3　Clark Y 12% 翼型形状

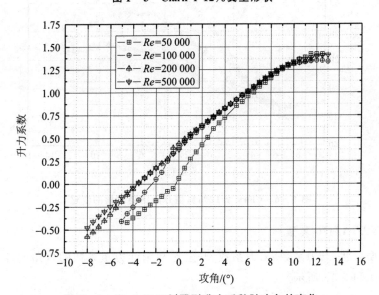

图 F‑4　Clark Y 12% 翼型升力系数随攻角的变化

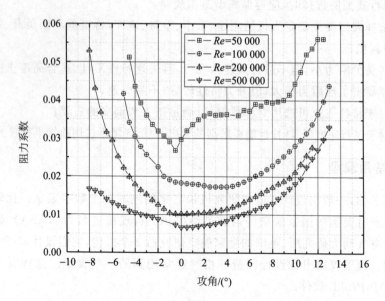

图 F-5　Clark Y 12％翼型阻力系数随攻角的变化

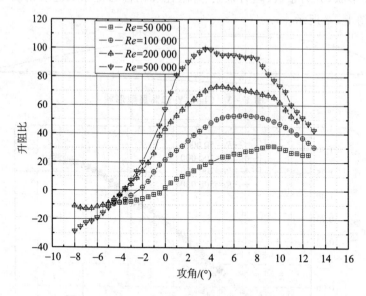

图 F-6　Clark Y 12％翼型升阻比随攻角的变化

（2）NACA2410 翼型

该翼型形状,升力系数、阻力系数、升阻比和俯仰力矩系数随攻角的变化分别如图 F-8～图 F-12 所示。

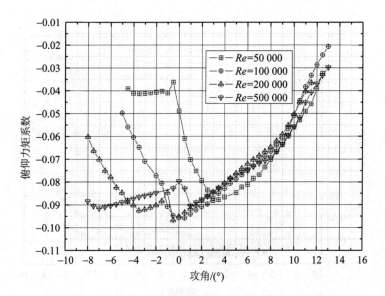

图 F - 7　Clark Y 12％翼型俯仰力矩系数随攻角的变化

图 F - 8　NACA2410 翼型形状

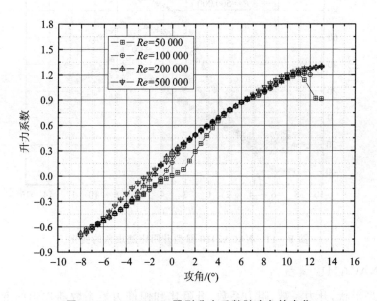

图 F - 9　NACA2410 翼型升力系数随攻角的变化

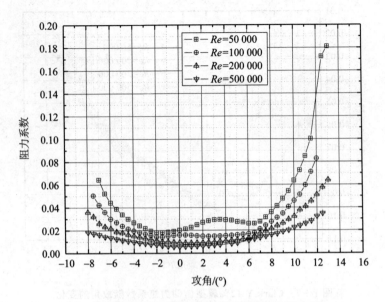

图 F - 10　NACA2410 翼型阻力系数随攻角的变化

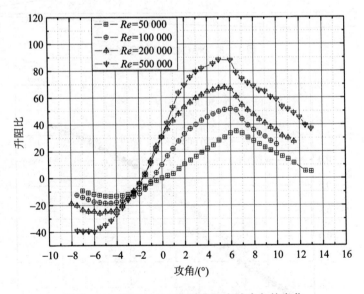

图 F - 11　NACA2410 翼型升阻比随攻角的变化

（3）NACA2412 翼型

该翼型形状、升力系数、阻力系数、升阻比和俯仰力矩系数随攻角的变化分别如图 F - 13～图 F - 17 所示。

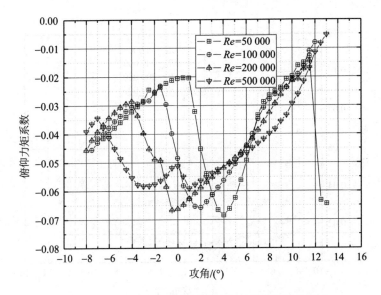

图 F‑12　NACA2410 翼型俯仰力矩系数随攻角的变化

图 F‑13　NACA2412 翼型形状

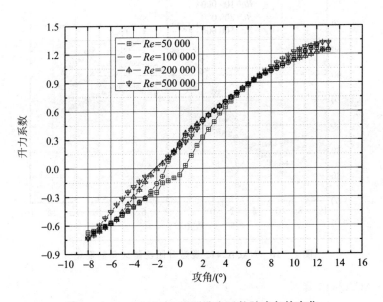

图 F‑14　NACA2412 翼型升力系数随攻角的变化

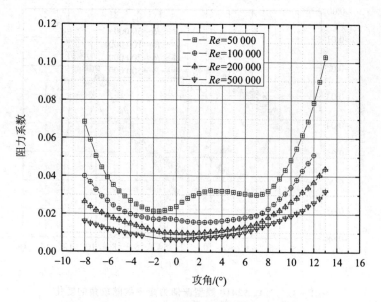

图 F - 15　NACA2412 翼型阻力系数随攻角的变化

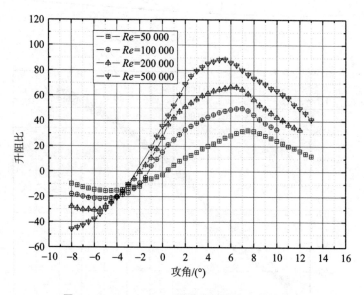

图 F - 16　NACA2412 翼型升阻比随攻角的变化

（4）NACA2415 翼型

该翼型形状,升力系数、阻力系数、升阻比和俯仰力矩系数随攻角的变化分别如图 F - 18～图 F - 22 所示。

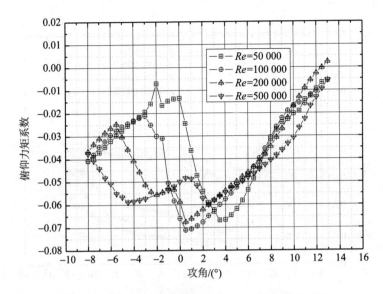

图 F‑17　NACA2412 翼型俯仰力矩系数随攻角的变化

图 F‑18　NACA2415 翼型形状

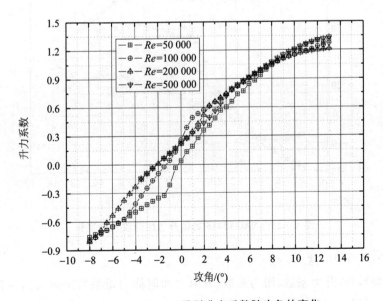

图 F‑19　NACA2415 翼型升力系数随攻角的变化

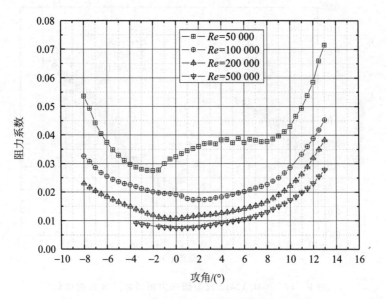

图 F - 20 NACA2415 翼型阻力系数随攻角的变化

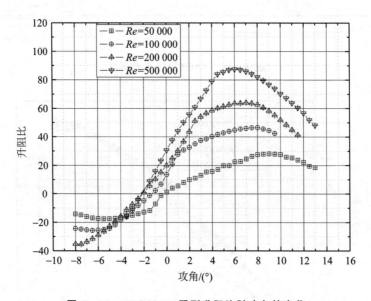

图 F - 21 NACA2415 翼型升阻比随攻角的变化

（5）NACA4412 翼型

该翼型形状,升力系数、阻力系数、升阻比和俯仰力矩系数随攻角的变化分别如图 F-23～图 F-27 所示。

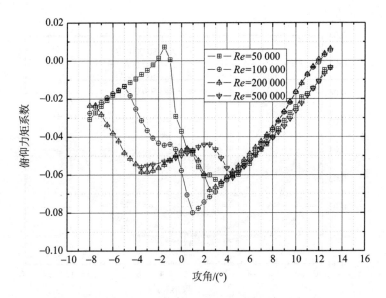

图 F‑22 NACA2415 翼型俯仰力矩系数随攻角的变化

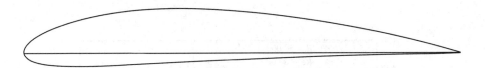

图 F‑23 NACA4412 翼型形状

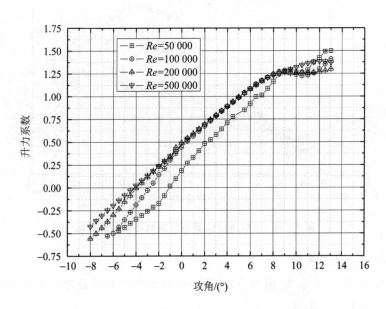

图 F‑24 NACA4412 翼型升力系数随攻角的变化

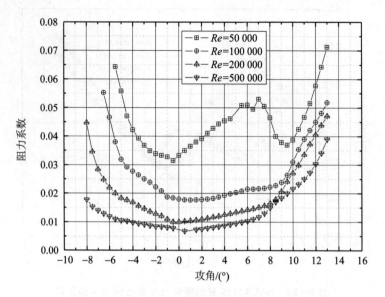

图 F-25　NACA4412 翼型阻力系数随攻角的变化

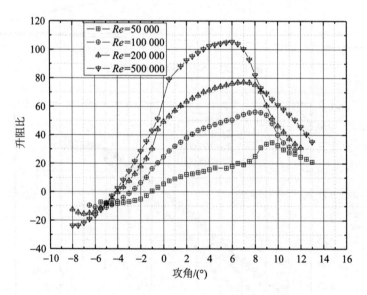

图 F-26　NACA4412 翼型升阻比随攻角的变化

（6）NACA4415 翼型

该翼型形状，升力系数、阻力系数、升阻比和俯仰力矩系数随攻角的变化分别如图 F-28～图 F-32 所示。

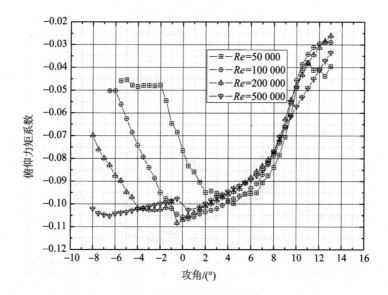

图 F - 27　NACA4412 翼型俯仰力矩系数随攻角的变化

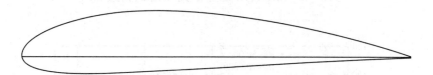

图 F - 28　NACA4415 翼型形状

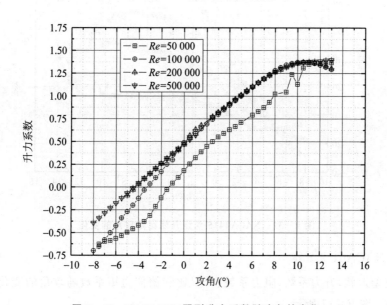

图 F - 29　NACA4415 翼型升力系数随攻角的变化

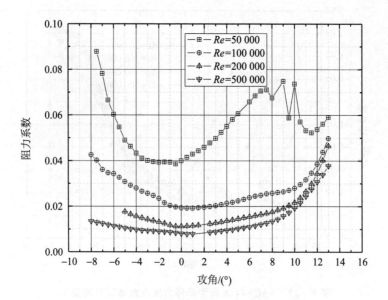

图 F-30　NACA4415 翼型阻力系数随攻角的变化

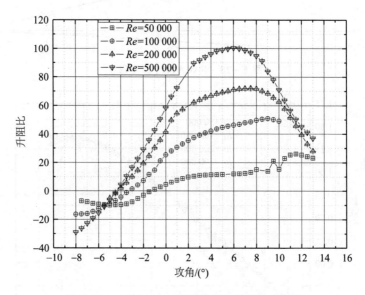

图 F-31　NACA4415 翼型升阻比随攻角的变化

（7）NACA6412 翼型

该翼型形状,升力系数、阻力系数、升阻比和俯仰力矩系数随攻角的变化分别如图 F-33～图 F-37 所示。

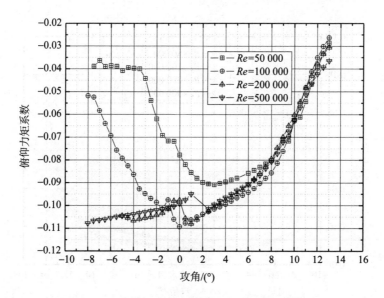

图 F - 32　NACA4415 翼型俯仰力矩系数随攻角的变化

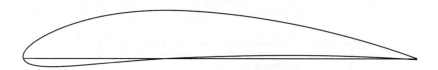

图 F - 33　NACA6412 翼型形状

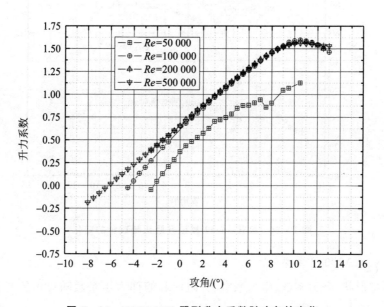

图 F - 34　NACA6412 翼型升力系数随攻角的变化

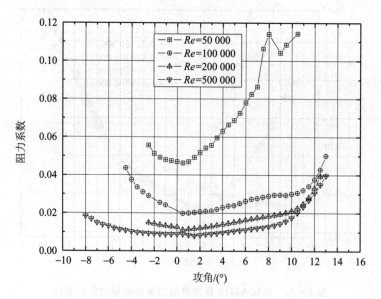

图 F-35　NACA6412 翼型阻力系数随攻角的变化

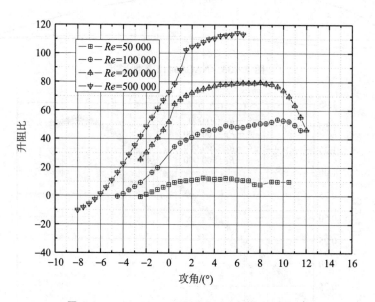

图 F-36　NACA6412 翼型升阻比随攻角的变化

（8）NACA23012 翼型

该翼型形状,升力系数、阻力系数、升阻比和俯仰力矩系数随攻角的变化分别如图 F-38~图 F-42 所示。

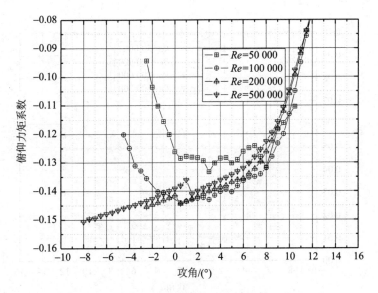

图 F - 37　NACA6412 翼型俯仰力矩系数随攻角的变化

图 F - 38　NACA23012 翼型形状

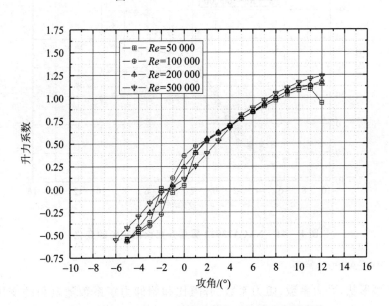

图 F - 39　NACA23012 翼型升力系数随攻角的变化

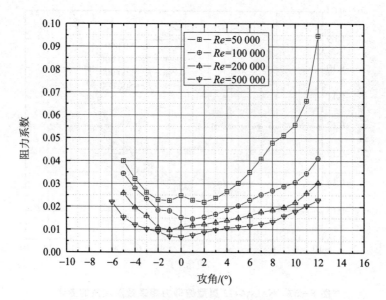

图 F - 40　NACA23012 翼型阻力系数随攻角的变化

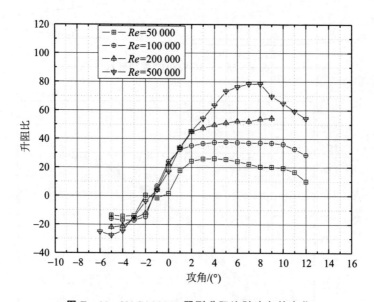

图 F - 41　NACA23012 翼型升阻比随攻角的变化

（9）NACA0006 翼型

该翼型形状,升力系数、阻力系数、升阻比和俯仰力矩系数随攻角的变化分别如图 F - 43～图 F - 47 所示。

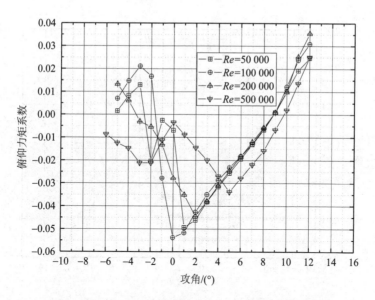

图 F‑42　NACA23012 翼型俯仰力矩系数随攻角的变化

图 F‑43　NACA0006 翼型形状

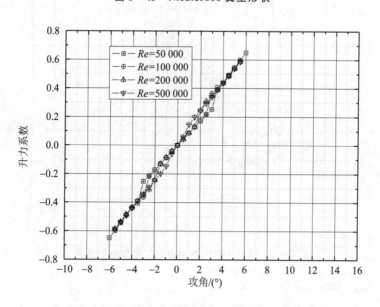

图 F‑44　NACA0006 翼型升力系数随攻角的变化

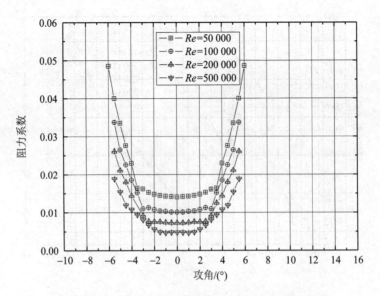

图 F - 45　NACA0006 翼型阻力系数随攻角的变化

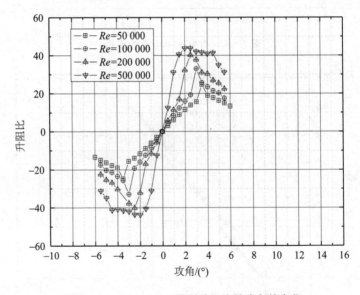

图 F - 46　NACA0006 翼型升阻比随攻角的变化

（10）NACA0009 翼型

该翼型形状，升力系数、阻力系数、升阻比和俯仰力矩系数随攻角的变化分别如图 F - 48～图 F - 52 所示。

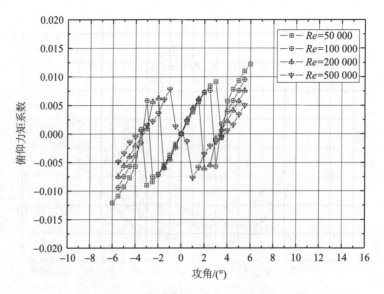

图 F - 47　NACA0006 翼型俯仰力矩系数随攻角的变化

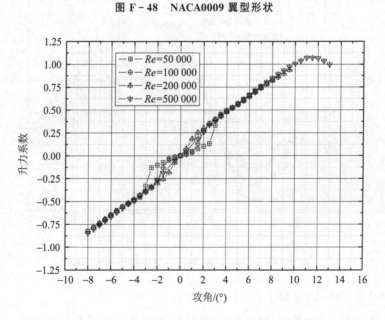

图 F - 48　NACA0009 翼型形状

图 F - 49　NACA0009 翼型升力系数随攻角的变化

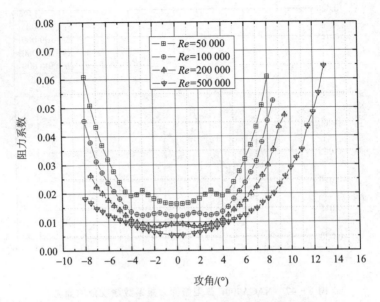

图 F - 50　NACA0009 翼型阻力系数随攻角的变化

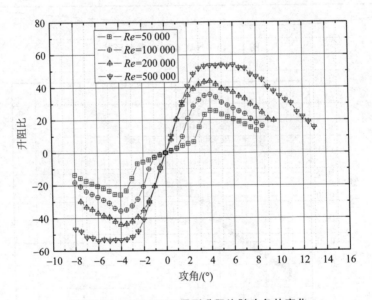

图 F - 51　NACA0009 翼型升阻比随攻角的变化

（11）NACA0012 翼型

该翼型形状，升力系数、阻力系数、升阻比和俯仰力矩系数随攻角的变化分别如图 F - 53～图 F - 57 所示。

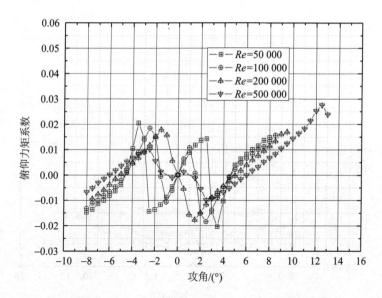

图 F - 52 NACA0009 翼型俯仰力矩系数随攻角的变化

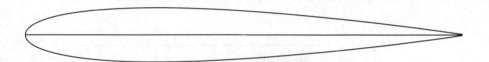

图 F - 53 NACA0012 翼型形状

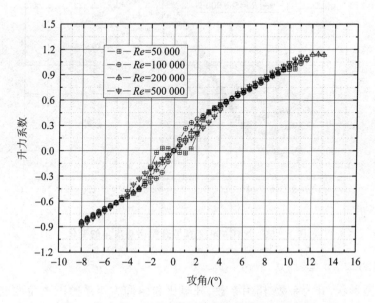

图 F - 54 NACA0012 翼型升力系数随攻角的变化

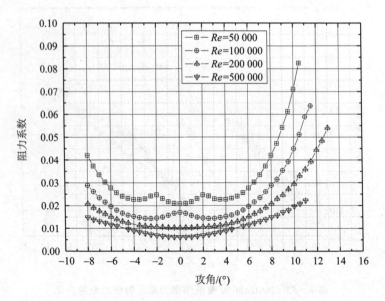

图 F-55　NACA0012 翼型阻力系数随攻角的变化

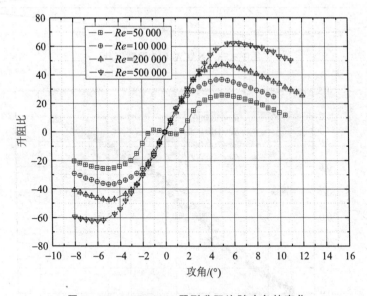

图 F-56　NACA0012 翼型升阻比随攻角的变化

（12）S1223 翼型

该翼型形状，升力系数、阻力系数、升阻比和俯仰力矩系数随攻角的变化分别如图 F-58～图 F-62 所示。

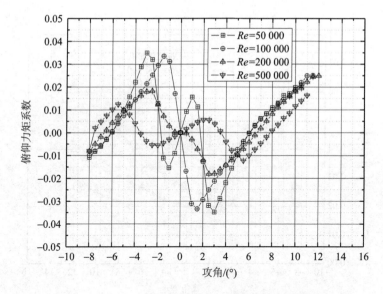

图 F - 57　NACA0012 翼型俯仰力矩系数随攻角的变化

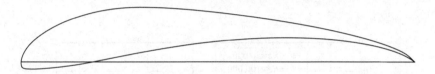

图 F - 58　S1223 翼型形状

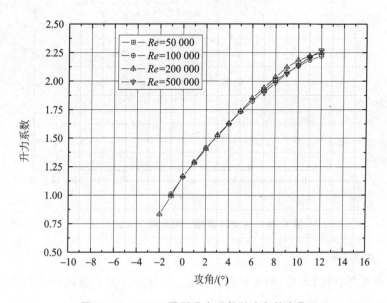

图 F - 59　S1223 翼型升力系数随攻角的变化

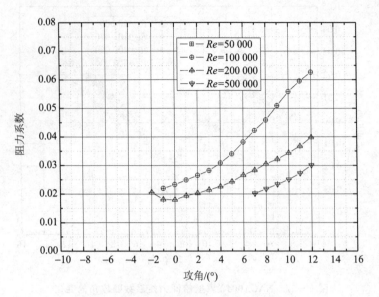

图 F-60　S1223 翼型阻力系数随攻角的变化

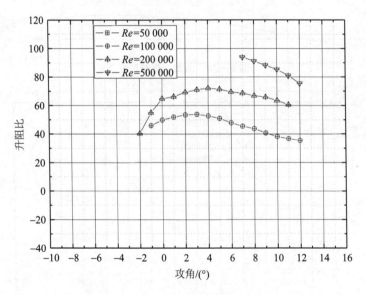

图 F-61　S1223 翼型升阻比随攻角的变化

（13）S4310 翼型

该翼型形状,升力系数、阻力系数、升阻比和俯仰力矩系数随攻角的变化分别如图 F-63～图 F-67 所示。

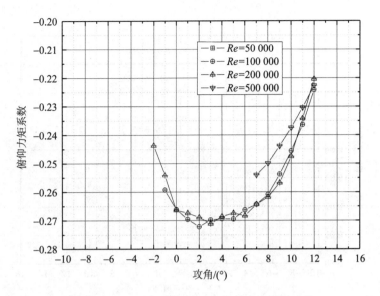

图 F‐62　S1223 翼型俯仰力矩系数随攻角的变化

图 F‐63　S4310 翼型形状

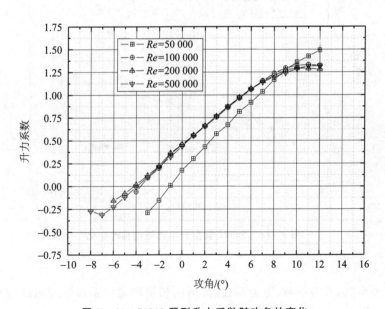

图 F‐64　S4310 翼型升力系数随攻角的变化

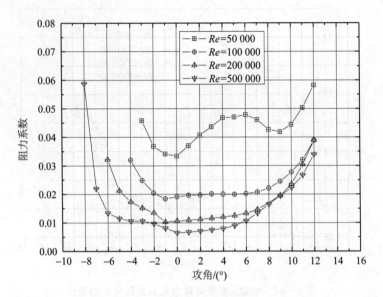

图 F - 65 S4310 翼型阻力系数随攻角的变化

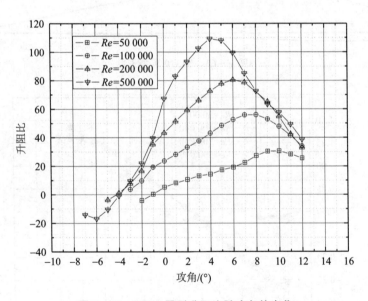

图 F - 66 S4310 翼型升阻比随攻角的变化

(14) RG14 翼型

该翼型形状、升力系数、阻力系数、升阻比和俯仰力矩系数随攻角的变化分别如图 F - 68～图 F - 72 所示。

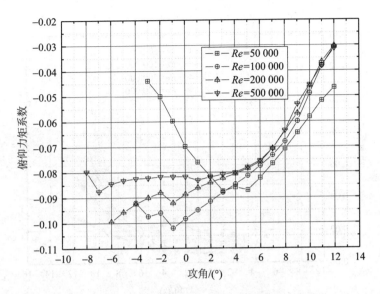

图 F-67　S4310 翼型俯仰力矩系数随攻角的变化

图 F-68　RG14 翼型形状

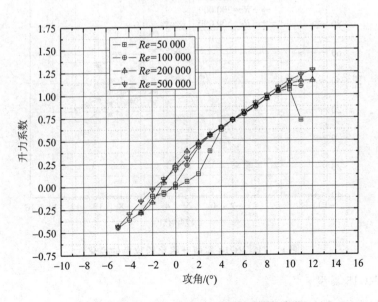

图 F-69　RG14 翼型升力系数随攻角的变化

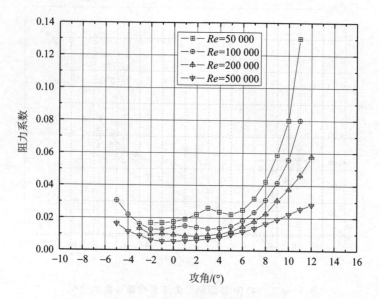

图 F - 70　RG14 翼型阻力系数随攻角的变化

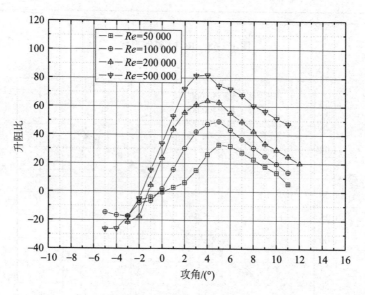

图 F - 71　RG14 翼型升阻比随攻角的变化

（15）RG15 翼型

该翼型形状，升力系数、阻力系数、升阻比和俯仰力矩系数随攻角的变化分别如图 F - 73～图 F - 77 所示。

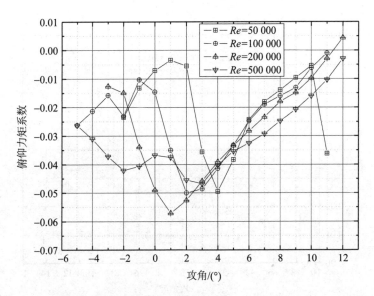

图 F - 72　RG14 翼型俯仰力矩系数随攻角的变化

图 F - 73　RG15 翼型形状

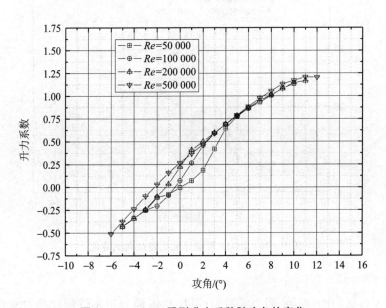

图 F - 74　RG15 翼型升力系数随攻角的变化

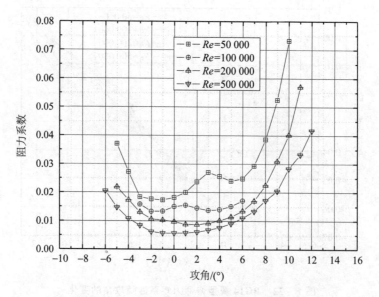

图 F-75 RG15 翼型阻力系数随攻角的变化

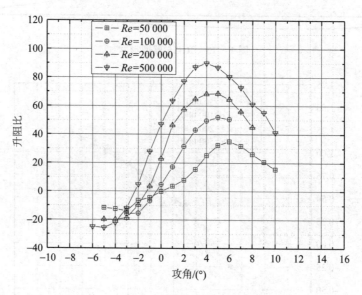

图 F-76 RG15 翼型升阻比随攻角的变化

（16）FX-63-137-1 翼型

该翼型形状，升力系数、阻力系数、升阻比和俯仰力矩系数随攻角的变化分别如图 F-78～图 F-82 所示。

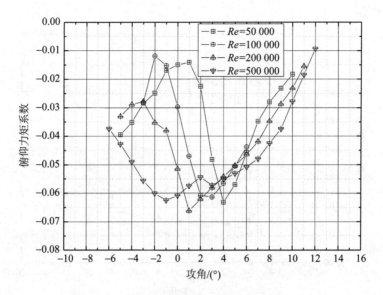

图 F-77　RG15 翼型俯仰力矩系数随攻角的变化

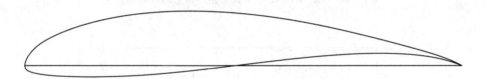

图 F-78　FX-63-137-1 翼型形状

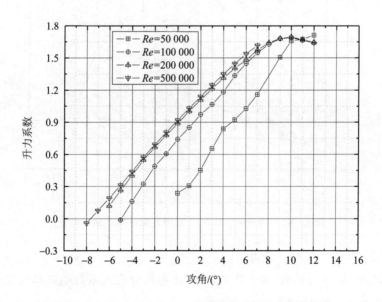

图 F-79　FX-63-137-1 翼型升力系数随攻角的变化

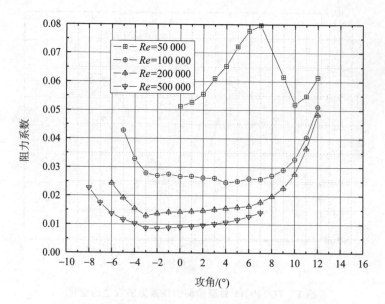

图 F - 80　FX - 63 - 137 - 1 翼型阻力系数随攻角的变化

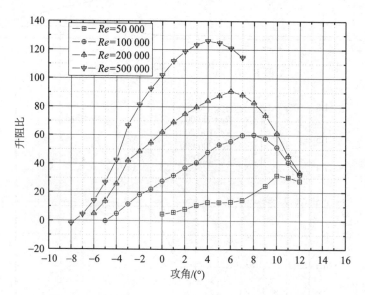

图 F - 81　FX - 63 - 137 - 1 翼型升阻比随攻角的变化

（17）FX - 60 - 126 - 1 翼型

该翼型形状，升力系数、阻力系数、升阻比和俯仰力矩系数随攻角的变化分别如图 F - 83～图 F - 87 所示。

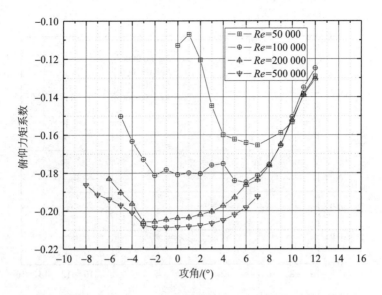

图 F - 82　FX - 63 - 137 - 1 翼型俯仰力矩系数随攻角的变化

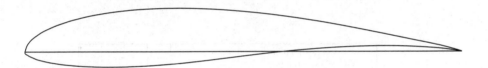

图 F - 83　FX - 60 - 126 - 1 翼型形状

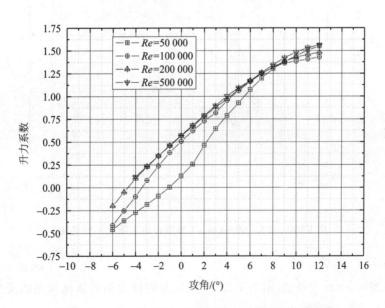

图 F - 84　FX - 60 - 126 - 1 翼型升力系数随攻角的变化

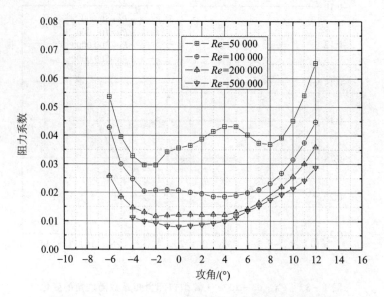

图 F - 85　FX - 60 - 126 - 1 翼型阻力系数随攻角的变化

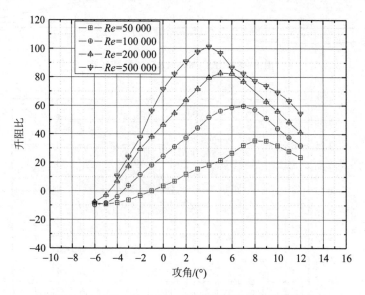

图 F - 86　FX - 60 - 126 - 1 翼型升阻比随攻角的变化

（18）E193 翼型

该翼型形状,升力系数、阻力系数、升阻比和俯仰力矩系数随攻角的变化分别如图 F - 88～图 F - 92 所示。

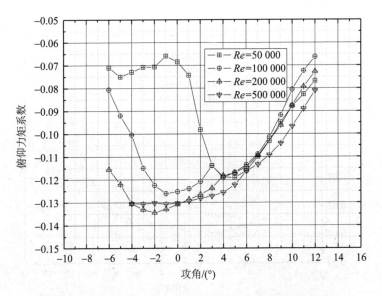

图 F - 87　FX - 60 - 126 - 1 翼型俯仰力矩系数随攻角的变化

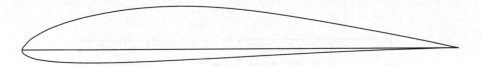

图 F - 88　E193 翼型形状

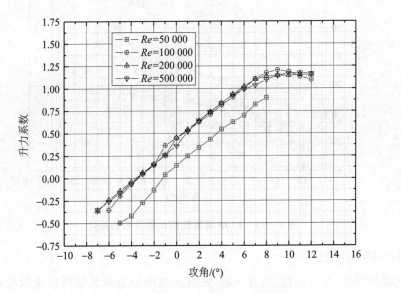

图 F - 89　E193 翼型升力系数随攻角的变化

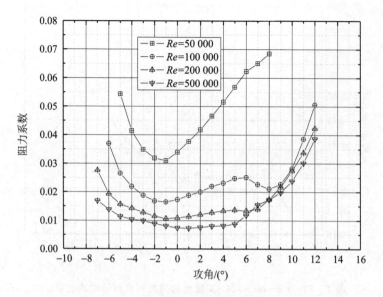

图 F-90　E193 翼型阻力系数随攻角的变化

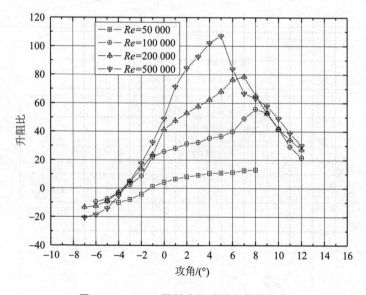

图 F-91　E193 翼型升阻比随攻角的变化

（19）E195 翼型

　　该翼型形状，升力系数、阻力系数、升阻比和俯仰力矩系数随攻角的变化分别如图 F-93～图 F-97 所示。

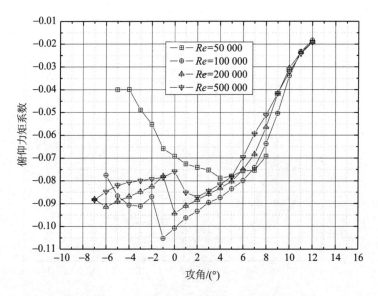

图 F - 92　E193 翼型俯仰力矩系数随攻角的变化

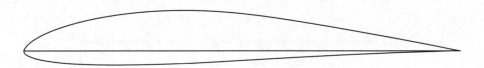

图 F - 93　E195 翼型形状

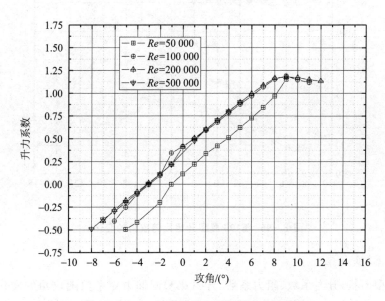

图 F - 94　E195 翼型升力系数随攻角的变化

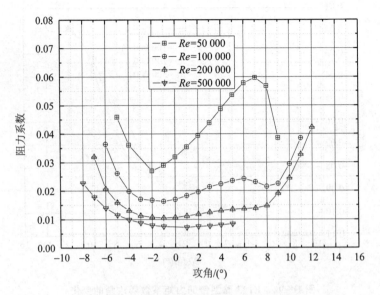

图 F-95　E195 翼型阻力系数随攻角的变化

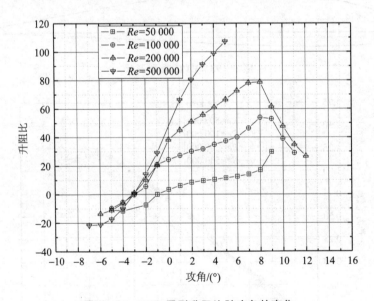

图 F-96　E195 翼型升阻比随攻角的变化

（20）E201 翼型

该翼型形状、升力系数、阻力系数、升阻比和俯仰力矩系数随攻角的变化分别如图 F-98～图 F-102 所示。

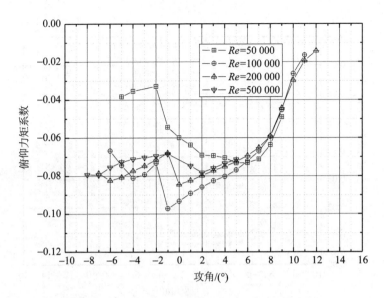

图 F - 97　E195 翼型俯仰力矩系数随攻角的变化

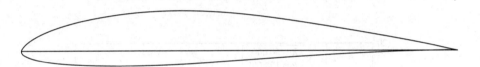

图 F - 98　E201 翼型形状

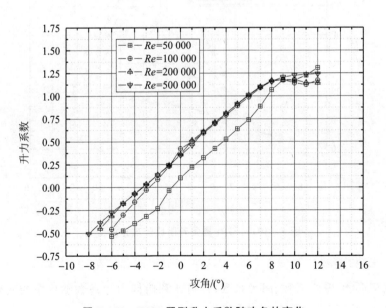

图 F - 99　E201 翼型升力系数随攻角的变化

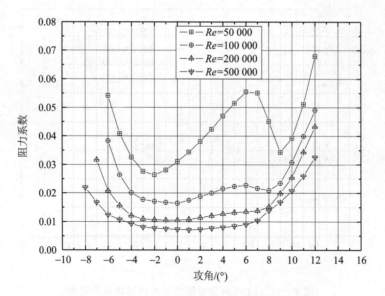

图 F-100　E201 翼型阻力系数随攻角的变化

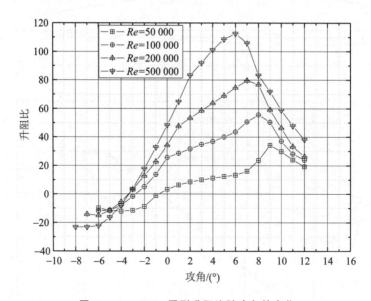

图 F-101　E201 翼型升阻比随攻角的变化

（21）E203 翼型

该翼型形状,升力系数、阻力系数、升阻比和俯仰力矩系数随攻角的变化分别如图 F-103～图 F-107 所示。

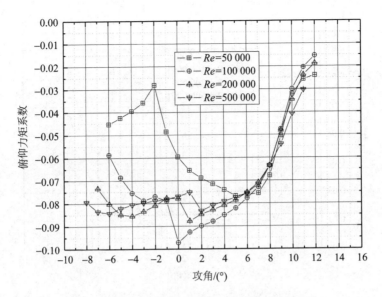

图 F - 102　E201 翼型俯仰力矩系数随攻角的变化

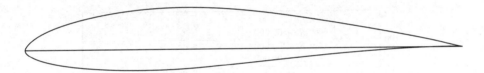

图 F - 103　E203 翼型形状

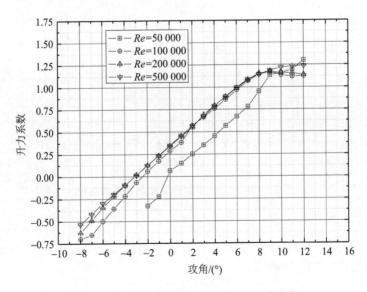

图 F - 104　E203 翼型升力系数随攻角的变化

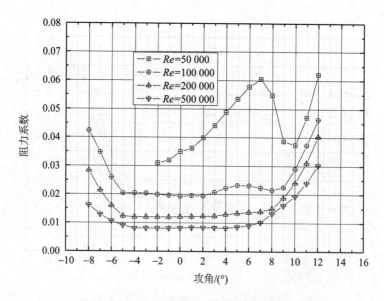

图 F‑105　E203 翼型阻力系数随攻角的变化

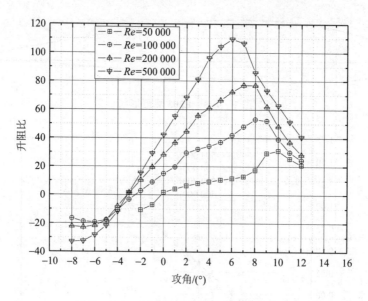

图 F‑106　E203 翼型升阻比随攻角的变化

（22）E374 翼型

该翼型形状，升力系数、阻力系数、升阻比和俯仰力矩系数随攻角的变化分别如图 F‑108～图 F‑112 所示。

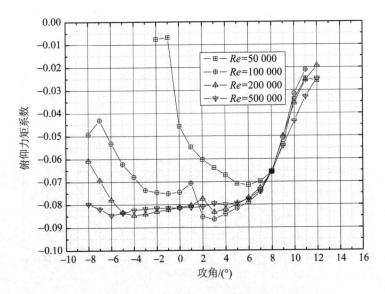

图 F - 107　E203 翼型俯仰力矩系数随攻角的变化

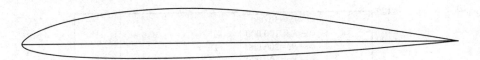

图 F - 108　E374 翼型形状

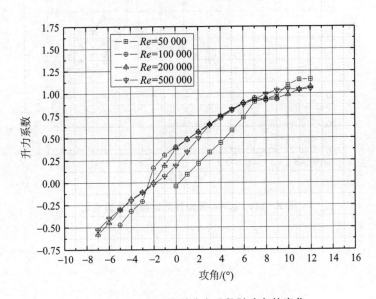

图 F - 109　E374 翼型升力系数随攻角的变化

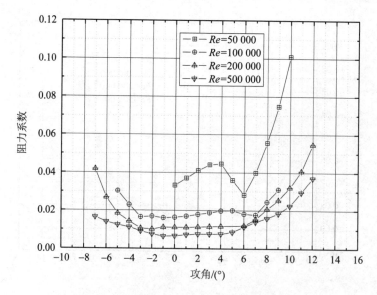

图 F - 110　E374 翼型阻力系数随攻角的变化

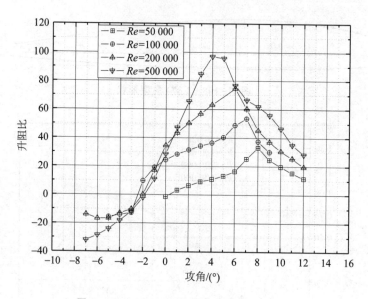

图 F - 111　E374 翼型升阻比随攻角的变化

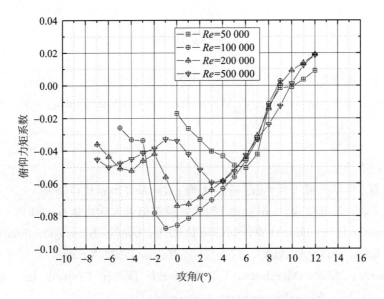

图 F－112　E374 翼型俯仰力矩系数随攻角的变化

参考文献

[1] 贾玉红. 航空航天概论[M]. 4版. 北京:北京航空航天大学出版社,2017.

[2] Bowman W J,Snyder D O. A Minimalist Approach to Teaching Aircraft Design [R]. AIAA 2005-0282,Reston:AIAA, 2005.

[3] 西蒙斯. 模型飞机空气动力学[M]. 肖治垣,马东立,译. 北京:航空工业出版社,2007.

[4] 朱宝鎏. 模型飞机飞行原理[M]. 上海:上海教育出版社,1980.

[5] 顾诵芬. 飞机总体设计[M]. 北京:北京航空航天大学出版社,2001.

[6] CummingsR M, Hall D W, Sandlin D R. Decades of Innovation in Aircraft Design Education[R]. AIAA 2009-1603, Reston:AIAA, 2009.

[7] Jenkinson L R, Marchman J F. Aircraft Design Projects for engineering students[M]. MA:Butterworth-Heinemann, 2003.

[8] Kroo I. Innovations in Aeronautics[R]. AIAA 2004-0001, Reston:AIAA, 2004.

[9] Lammering T,Anton E, Henke R. Technology Assessment on Aircraft-Level:Modeling of Innovative Aircraft Systems in Conceptual Aircraft Design[R]. AIAA 2010-9072,Reston:AIAA, 2010.

[10] Mason W H, Robertshaw H, Inman D J. Recent Experiments in Aerospace and Design Engineering Education[R]. AIAA-2004-0415, Reston:AIAA, 2004

[11] 顾秉林. 加强实践教育培养创新人才飞[EB/OL]. [2020-11-15]. https://news. tsinghua. edu. cn/info/1321/47178. htm.

[12] 练就一身真本领——哈尔滨工业大学创新实践教学纪实[EB/OL]. [2020-11-15]. http://news. hit. edu. cn/2006/1113/c409a6285/page. htm.

[13] 谢秉智. 积极推动研究性教学 提高大学生创新能力[EB/OL]. [2020-11-15]. https://teacher. eol. cn/jiao_xue_318/20060310/t20060310_166387. shtml.

[14] Higle H. 发动机知识大全[EB/OL]. 启颂,译. [2020-11-15]. https://ishare. iask. sina. com. cn/f/13410084. html,2007.

[15] 黄永良. 航空模型发动机的使用[M]. 北京:人民体育出版社,1979.

[16] Futaba 厂商. FUTABA T8FG 使用说明书[EB/OL]. Cry-devil,译. [2020-11-15]. https://www. doc88. com/p-9059092004911. html,2011.

[17] 符其卫. 航空与航空模型[M]. 北京:航空工业出版社,2009.

[18] 黄云,中国航空运动协会,等. 简易航空模型[M]. 北京:航空工业出版

社,2009.

[19] 谢志均. 航空模型:青少年实用航模教材[M]. 广州:广州出版社,2002.

[20] 中国人民解放军总装备部,军事训练教材编辑工作委员会. 低速风洞试验[M]. 北京:国防工业出版社,2002.

[21] 范洁川. 风洞试验手册[M]. 北京:航空工业出版社,2002.

[22] 李桂春. 风洞试验光学测量方法[M]. 北京:国防工业出版社,2008.

[23] 张炜. 模型飞机的翼型与机翼[M]. 北京:航空工业出版社,2007.

[24] 中国人民航空俱乐部航空模型研究室. 模型飞机翼型集[M]. 北京:人民体育出版社,1958.